# WOZU EIGENTLICH NATURWISSENSCHAFTEN?

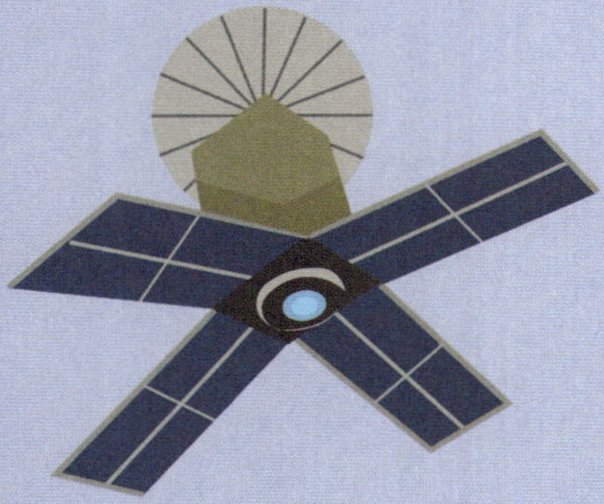

**Text** Edward Aves, Ben Ffrancon Davies, A. M. Dassu
**Fachliche Beratung** Philip Parker
**Illustrationen** Clarisse Hassan
**Lektorat** Steven Carton, Edward Aves, Ben Morgan, Rachel Fox
**Gestaltung und Bildredaktion** Joe Lawrence, Samantha Richiardi, Lauren Quinn, Romaine Werblow, Owen Peyton Jones
**Umschlaggestaltung** Akiko Kato, Sophia MTT
**Herstellung** Laura Andrews, Gillian Reid

Für die deutsche Ausgabe:
**Programmleitung** Monika Schlitzer
**Redaktionsleitung** Martina Glöde
**Herstellungsleitung** Dorothee Whittaker
**Herstellungskoordination** Bettina Bähnsch
**Herstellung** Sabine Hüttenkofer

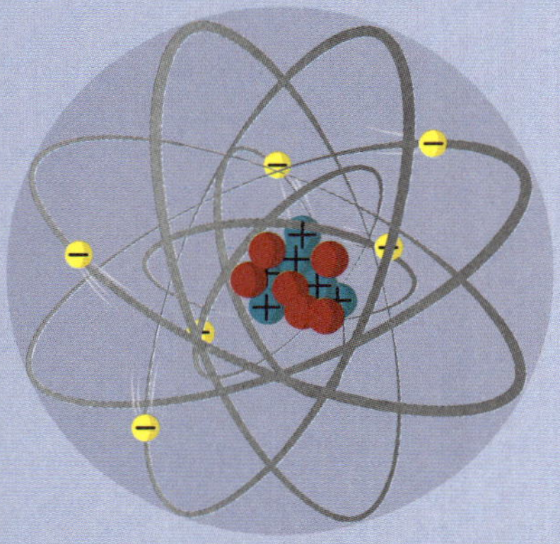

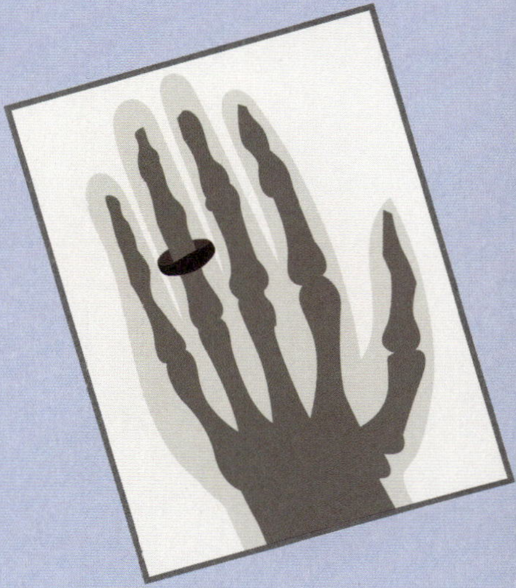

Titel der englischen Originalausgabe:
What's the Point of Science?



**Übersetzung** Dr. Stephan Matthiesen
**Lektorat** Regine Gerst

ISBN 978-3-8310-4458-0

**Druck und Bindung** RR Donnelley, China

FSC MIX Papier | Fördert gute Waldnutzung FSC® C018179 www.fsc.org

**www.dk-verlag.de**

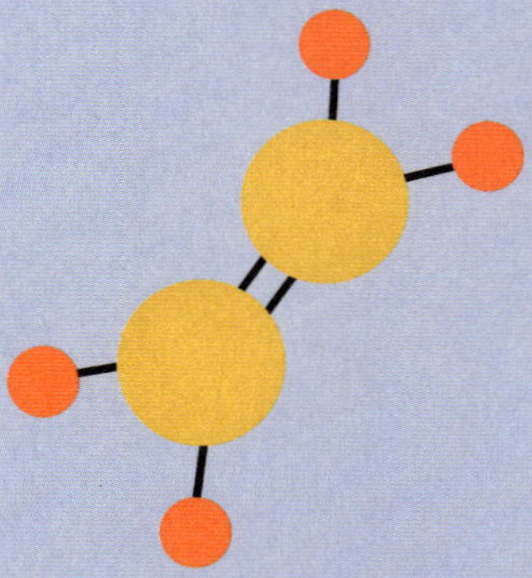

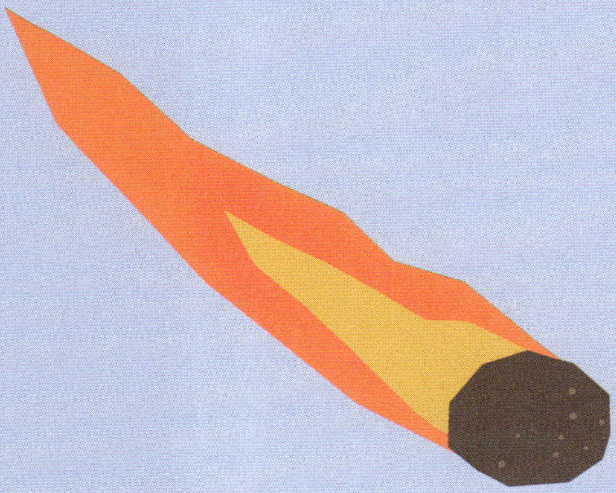

# WOZU EIGENTLICH NATUR WISSENSCHAFTEN?

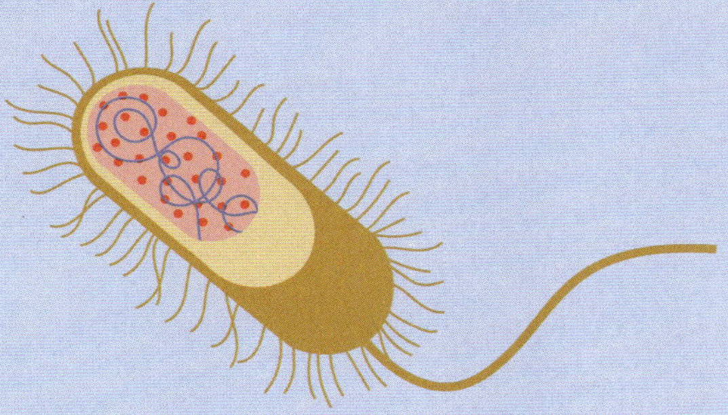

DK

# INHALT

6 Wozu Wissenschaft?

## 8 WOZU BIOLOGIE?

10 Wozu brauchen wir Biologie?
12 Frühe Lebewesen
16 Wie man einen Virus stoppt
20 Was bestimmt mein Aussehen?
24 Millionen Leben retten
28 Lebensmittel frisch halten
32 Evolution
36 Brillante Köpfe der Biologie

## 40 WOZU PHYSIK?

42 Wozu brauchen wir Physik?
44 Energie für die Welt
48 Röntgenstrahlen
52 U-Boote finden
56 Famos in Physik

## 60 WOZU CHEMIE?

62 Wozu brauchen wir Chemie?
64 Unterdrückung von Schmerzen
68 Kann man Gold herstellen?
72 Die Vorhersage neuer Elemente
76 Den Himmel erhellen
80 Vielfältiges Plastik
84 Champions der Chemie

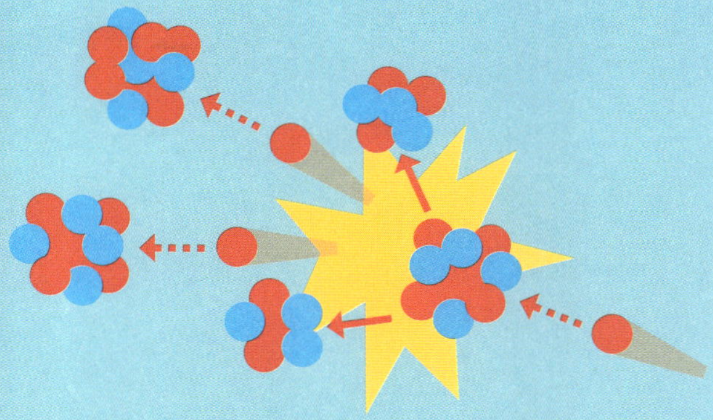

## 88 WOZU GEO-WISSENSCHAFTEN?


90 Wozu brauchen wir Geowissenschaften?

92 Wird es morgen regnen?

96 Wo befindest du dich gerade?

100 Wie man Bomben stoppt

104 Genies der Geoforschung


## 108 WOZU WELTRAUM-WISSENSCHAFTEN?


110 Wozu Weltraumwissenschaften?

112 Flug ins Weltall

116 Wie alles anfing

120 Top in Weltraumforschung

124 Starparade

126 Glossar

128 Register


Bei einigen Jahreszahlen steht v. Chr. oder n. Chr. Das bedeutet „vor Christus" bzw. „nach Christus" und bezieht sich auf das Jahr, in dem man annimmt, dass Jesus geboren wurde. Unsere heutige Zeitrechnung nimmt dieses Jahr als Startpunkt zum Abzählen der Jahre. Das Jahr 2021 ist eigentlich 2021 n. Chr., also 2021 Jahre nach der Geburt von Jesus. Das lässt man heute aber oft weg, weil es klar ist.

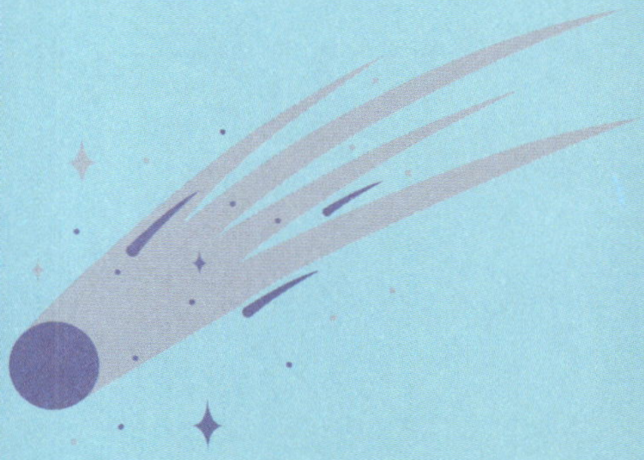

# WOZU WISSENSCHAFT?

Schau dich um – Wissenschaft ist überall, von den winzigsten Spielzeugen bis zu allem, was wir über das Universum wissen! In der Wissenschaft arbeiten Menschen, die ständig Fragen stellen und immer mehr über die Welt wissen wollen, um die Welt und unser Leben zu verbessern. Ihre harte Arbeit und endlose Neugier haben uns viele Dinge gegeben – hier sind einige wenige aufgeführt.

## DINOSAURIER

Jeder liebt Dinosaurier, aber ohne Paläontologen und Biologinnen wüssten wir wenig über sie und andere prähistorische Lebewesen. Indem sie viele Fossilien gefunden, sorgfältig ausgegraben und konserviert haben, konnte man die Zeit der Dinosaurier und die Zeiten davor und danach rekonstruieren.

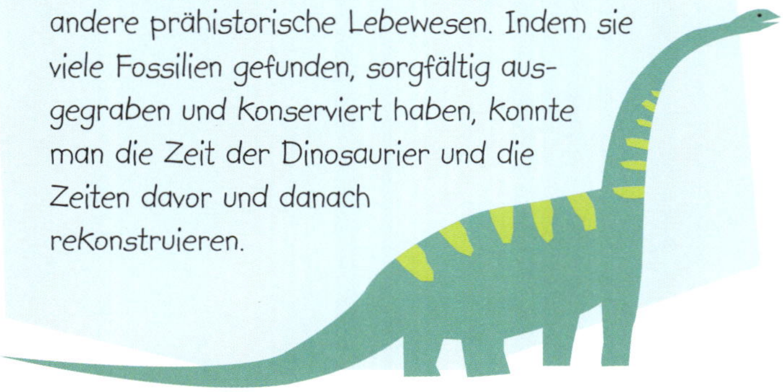

## GESUNDHEIT

Ärztinnen, Zahnärzte, Pfleger, Physiotherapeuten, Psychologinnen und viele andere arbeiten wissenschaftlich, um herauszufinden, warum es jemandem schlecht geht und wie man ihm helfen kann. Die Wissenschaft verbessert ihre Behandlungsmethoden auch immer weiter.

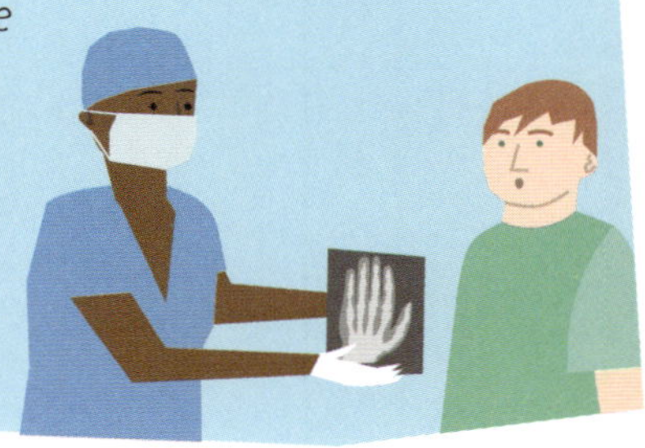

## SCHUTZ DER ERDE

Verschiedenste Wissenschaften haben gezeigt, wie wir unserem Heimatplaneten schaden. Viele Menschen hoffen, dass die ganze Welt zusammenarbeitet, um Maßnahmen gegen den Klimawandel zu ergreifen und die Erde zu schützen.

## STEIN AUF STEIN

Dank des Wissens aus der Physik über Kräfte und Materialien können wir immer beeindruckendere Gebäude errichten. Wir brauchen alle einen Ort zum Arbeiten und Lernen, zur Entspannung und zum Leben. Mithilfe der Wissenschaft können Ingenieurinnen und Architekten diese Orte erschaffen.

## ERFORSCHUNG DES ALLS

Alles, was wir über das Weltall und das Universum wissen, stammt von Forschenden, die Beobachtungen machen und Daten sammeln. In den letzten Jahrzehnten haben riesige Raketen Raumsonden von der Erde ins Sonnensystem gebracht, die noch mehr Daten sammeln.

## GESÜNDERES LEBEN

Zu den meisten Zeiten in der Geschichte haben Infektionen durch Viren und Bakterien und andere vermeidbare Krankheiten auf der ganzen Welt das Leben von Millionen Menschen verkürzt. Mit Impfungen, Antibiotika und Medikamenten rettet die Ärzteschaft unzählige Menschen und trägt zu einem gesünderen Leben bei.

## ERKUNDUNG DER ERDE

Ob für Entdeckungsreisende, die vor Hunderten von Jahren um die Welt segelten, oder für heutige Urlaubsreisende, die ins Flugzeug steigen und fremde Länder besuchen: Viele wissenschaftliche Durchbrüche haben das Reisen und Erkunden sicherer, bequemer und aufregender gemacht.

## UNS SELBST VERSTEHEN

Warum sind wir so, wie wir sind? Was geht im Inneren unseres Körpers vor? Wie leben Tiere und wie ändern sie sich mit der Zeit? Die Wissenschaft hat Antworten auf diese und andere Fragen gegeben und sie wird auch unsere zukünftigen Fragen beantworten.

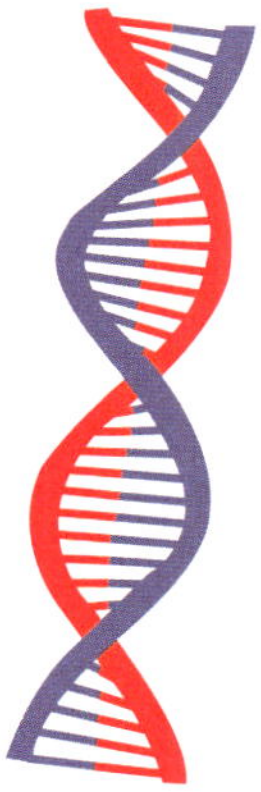

## ESSEN FÜR ALLE

Da es auf der Welt immer mehr Menschen gibt, ist es so wichtig wie nie zuvor, nährstoffreiche Nahrung zu produzieren. Unser Wissen über Biologie und Chemie verbessert unsere Möglichkeiten, die Ressourcen der Erde optimal zu nutzen.

## FREUDE AM LEBEN

Von der Kleidung, die du trägst, über Sportgeräte bis hin zu diesem Buch, das du gerade liest, hat die Wissenschaft viel dazu beigetragen, neue Materialien zu entwickeln für Dinge, die uns Spaß machen, mit denen wir lernen und die uns entspannen.

## UNTERHALTUNG

Wie wäre es mit etwas Spaß? Die Wissenschaft hilft! Alles von Feuerwerken über elektronische Musikinstrumente bis hin zu Videospielen beruht auf erstaunlichen wissenschaftlichen Durchbrüchen.

## WETTERVORHERSAGE

Morgen wird das Wetter sonnig oder regnerisch – das kann die Wissenschaft vorhersagen, indem sie Daten über das Wetter sammelt und erklärt, was sie bedeuten. Die Wettervorhersage ist besonders wichtig für Beschäftigte in der Landwirtschaft, Luft- und Seefahrt. Um arbeiten zu können, müssen sie das Wetter kennen.

## WOZU

# BIOLOGIE?

Hast du dich schon einmal gefragt, wie wir schreckliche Infektionen durch Viren und Bakterien bekämpfen? Oder warum alle Menschen unterschiedlich aussehen? Oder wie Tiere ihre Beute jagen? Alle diese Fragen, und Millionen andere, kann man mit der Biologie erklären: der Erforschung des Lebens in all seinen Formen, von winzigen einzelligen Bakterien bis hin zu großen, komplexen Lebewesen wie dem Mensch.

# WOZU BRAUCHEN WIR BIOLOGIE?

Wenn es um Lebendiges geht, ist immer die Biologie beteiligt, denn Biologie ist die Erforschung des Lebens. Hast du dich schon einmal gefragt, warum wir schlafen, warum sich Tiere auf bestimmte Weise verhalten oder was nötig ist, um unsere tägliche Nahrung herzustellen? Darauf und auf viele andere Fragen gibt die Biologie Antworten.

## BIOLOGIE IM ALLTAG

Menschen mit einem Biologiestudium erforschen alles Lebendige: wie die Zellen im Körper funktionieren ebenso wie sich riesige Tierherden an ihre Umwelt anpassen und voneinander abhängig sind, um zu überleben. Biologen und Biologinnen machen uns oft als Erste aufmerksam, wenn gefährliche Krankheiten drohen oder Tierpopulationen durch menschliche Eingriffe bedroht sind.

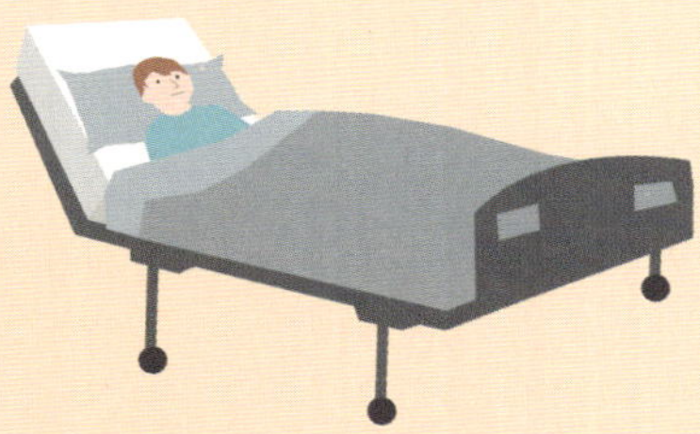

Die Biologie erforscht, wie Krankheiten entstehen, und entwickelt mit diesem Wissen neue Behandlungsmethoden.

Das Verhalten bei Tieren, also wie sie sich ernähren, vermehren oder verteidigen, ist ebenso ein Teil der Biologie.

In der Biologie wird erforscht, wie Lebewesen mit ihrer Umwelt wechselwirken und wie man bedrohte Arten, etwa Orang-Utans, schützen kann.

Die Biologie trägt dazu bei zu verstehen, warum Sport, Schlaf und eine ausgeglichene Ernährung wichtig sind, um Körper und Geist fit zu halten.

Die Agrarwissenschaft erforscht, wie sich am besten gesunde Pflanzen, etwa Bananen, anbauen und Tiere als Nahrungsquelle halten lassen.

**INTERESSANT!**

**Wertvolle Pflanzen**
Ohne Pflanzen gäbe es kein Leben auf der Erde. Sie stellen mit Sonnenenergie selbst Nährstoffe her und sie werden von Tieren und Menschen als Nahrung gegessen. Menschen nutzen Pflanzen auch als Rohstoff und verbrennen sie als Wärmequelle.

# WAS IST BIOLOGIE?

Von winzigen Organismen bis zu riesigen Bäumen, von Tiefseefischen bis zu Vögeln – die Biologie erforscht wie Lebewesen leben, wachsen, sich vermehren und sterben.

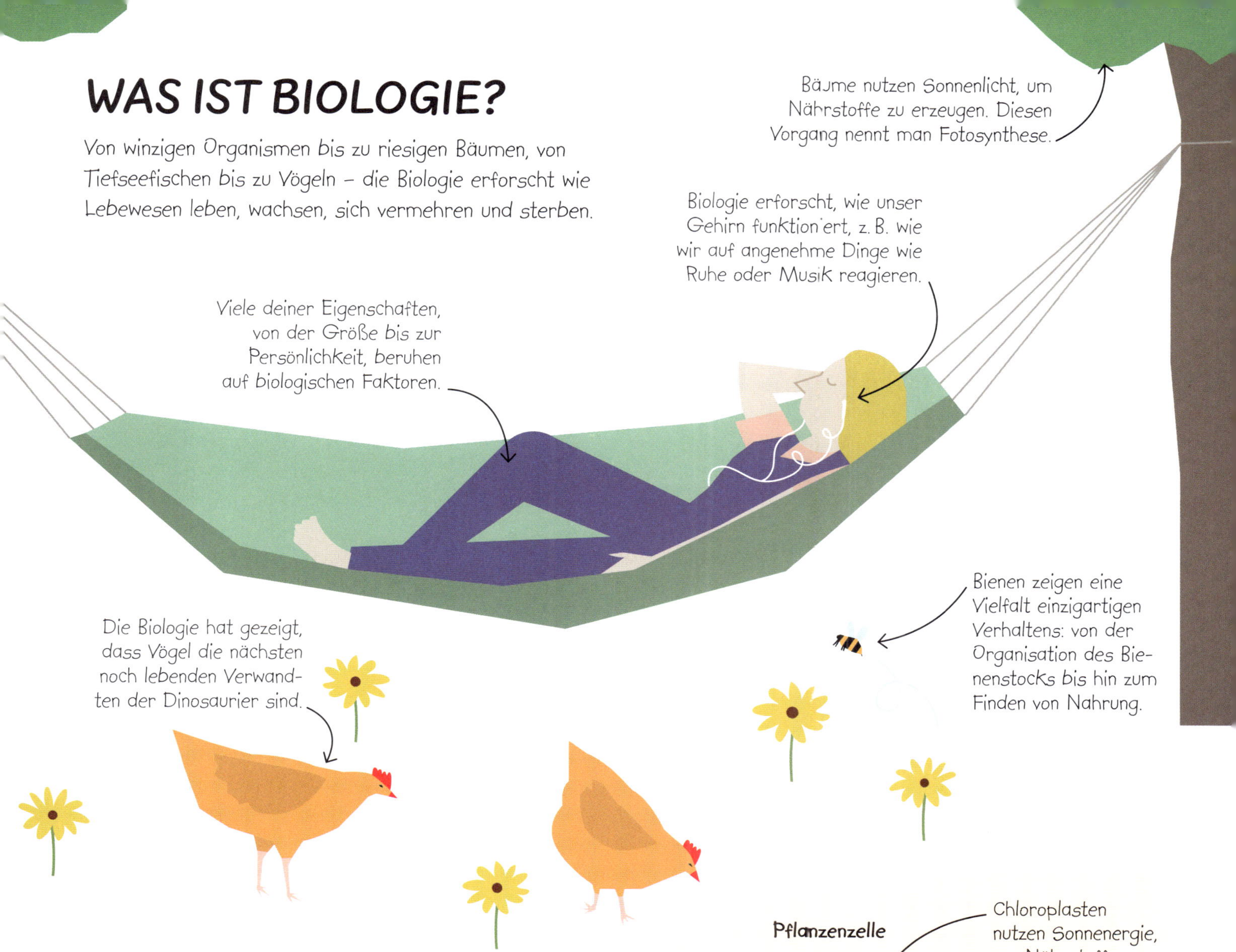


# WAS HAT ES MIT ZELLEN AUF SICH?

Ähnlich wie Häuser aus Steinen aufgebaut sind, bestehen alle Lebewesen – von den kleinsten Bakterien bis zu ausgewachsenen Menschen – aus Zellen. Zellen kann man nur unter dem Mikroskop sehen. Sie sind nicht alle gleich. Pflanzenzellen haben steife Zellwände, um sie zu schützen und ihnen Form zu geben. Es gibt verschiedene Tier- und Pflanzenzelltypen für bestimmte Aufgaben.

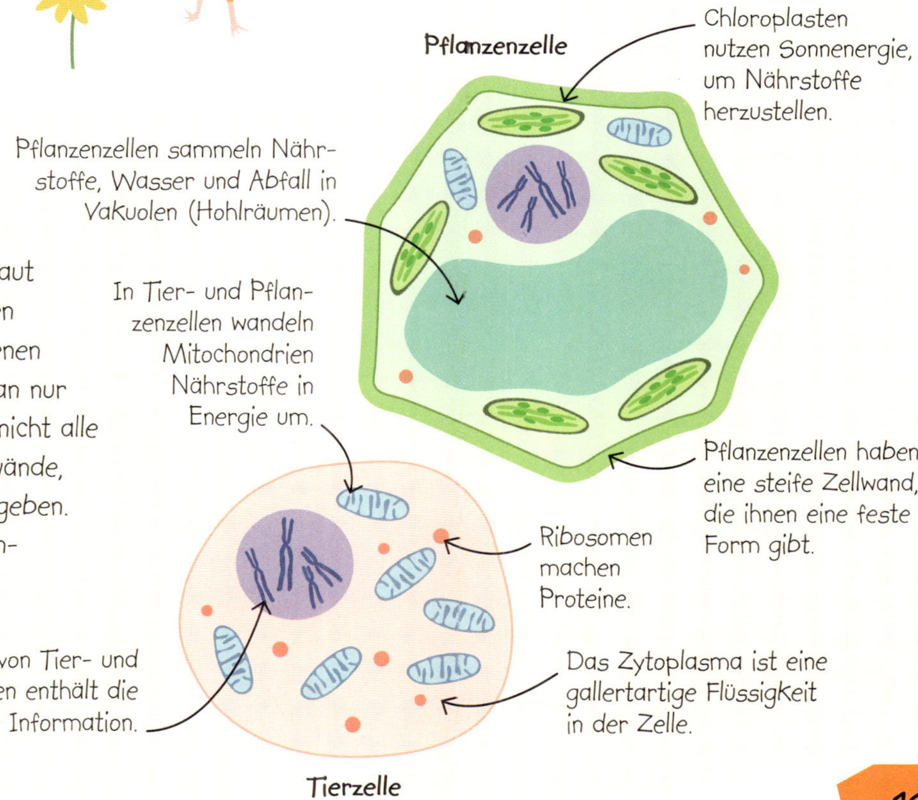

# FRÜHE LEBEWESEN

Wenn etwas stirbt, kann es unter den richtigen Umständen fossile Spuren hinterlassen: ein Rest oder ein Abdruck seines Körpers, der über Jahrmillionen im Gestein erhalten bleibt. Die Engländerin Mary Anning suchte die Klippen ihres Heimatstrands nach Fossilien ab, um sie an Sammelbegeisterte zu verkaufen. Ihre bahnbrechenden Funde revolutionierten das Denken der Wissenschaft über die Geschichte des prähistorischen (vorgeschichtlichen) Lebens auf der Erde.

**1** Als Kinder halfen Mary und ihr Bruder Joseph ihrem Vater, fossile Ammoniten und Belemniten zu sammeln. Die Familie lebte davon, diese sogenannten „Kuriositäten" an Sammler und Sammlerinnen zu verkaufen, ohne dass jemand wirklich wusste, was sie waren.

**2** Im Jahr 1811 entdeckte die damals 12-jährige Mary einen fossilen Schädel, der ganz anders war als alle ihre bisherigen Funde. Mary grub später sorgfältig den Rest des Fossils aus: ein 5 m langes Skelett. Sie hatte das allererste Fossil eines Ichthyosauriers entdeckt, eines sehr seltsamen Tiers.

**3** Im Jahr 1823 grub sie ein ganzes Fossil eines Plesiosauriers aus – wiederum der allererste Fund dieses Tiers. Im Lauf der Zeit nannten Fossiljäger diesen Teil der englischen Küste wegen seines Fossilreichtums die „Jura-Küste".

Wissenschaftliche Grundlagen

## SCHICHTEN DER VERGANGENHEIT

Annings Arbeit trug erheblich zu unserem Verständnis von prähistorischen Tieren bei und wie man sie bestimmt und datiert. Heute wissen wir, dass ein Fossil generell umso älter ist, je tiefer es in einer Gesteinsabfolge vorkommt. Die Tabelle zeigt die geologische Zeitskala der Erde.

### KÄNOZOIKUM
**(vor 66 Mio. Jahren bis heute)**
Viele neue Säugetierarten

### MESOZOIKUM

**Kreide (vor 145–66 Mio. J.)**
Aussterben der Dinosaurier
Erste Blütenpflanzen

**Jura (vor 201–145 Mio. J.)**
Erste Vögel
Viele neue Dinosaurierarten

**Trias (vor 252–201 Mio. J.)**
Erste Säugetiere
Erste Dinosaurier

### PALÄOZOIKUM

**Perm (vor 299–252 Mio. J.)**
Viele neue Reptilienarten

**Karbon (vor 359–299 Mio. J.)**
Erste Reptilien

**Devon (vor 419–359 Mio. J.)**
Erste Amphibien

**Silur (vor 444–419 Mio. J.)**
Erste Landpflanzen

**Ordovizium (vor 485–444 Mio. J.)**
Plötzliche Artenvielfalt im Meer

**Kambrium (vor 541–485 Mio. J.)**
Erste Fische

### SPÄTES PROTEROZOIKUM
**(vor 1000–541 Mio. Jahren)**
Erste Lebewesen mit Skelett

# WIE ENTSTEHEN FOSSILIEN?

Nicht jedes Lebewesen wird nach seinem Tod zum Fossil. Tatsächlich ist das ein sehr seltener Vorgang, der sehr lange dauert. Die Verhältnisse müssen genau passen, damit ein Lebewesen einen Überrest im Gestein hinterlässt, der Millionen Jahre später gefunden und sorgfältig ausgegraben wird.

**1** Wenn ein Tier stirbt, kann es nur zum Fossil werden, wenn es sehr schnell von Sand oder Schlamm oder Ähnlichem zugedeckt wird, sodass der Körper nicht so schnell verwest.

**2** Die Weichgewebe des Tiers – wie seine Haut und Muskeln – verwesen. Übrig bleibt das Skelett, das von Sediment (einer Menge kleiner Steinchen, Sand und Schlamm) bedeckt wird. Mit der Zeit sammelt sich Sediment an und wird zu Sedimentgestein verfestigt.

**INTERESSANT!**

**Dinosaurierfedern**
Man dachte früher, dass Dinosaurier wie Krokodile oder Eidechsen eine Schuppenhaut hatten, aber heute wissen wir, dass einige Federn hatten. Dinosaurierfedern hat man in fossilem Baumharz („Bernstein") eingebettet gefunden. Das Bild zeigt ein 2016 entdecktes Stück Bernstein.

**WUSSTEST DU DAS?**

**Fossile Kacke**
Nicht alle Fossilien sind Dinosaurier oder überhaupt Tiere. Pflanzen, Eier und sogar Fußabdrücke können zu Fossilien werden. Forscherinnen und Forscher haben sogar fossile Exkremente gefunden, Koprolithen genannt.

**3** Wasser im Gestein dringt in die Knochen ein und löst sie schließlich auf. Wenn das Wasser abfließt, hinterlässt es Minerale, die die ursprünglichen Knochen ersetzen und ihre Form als Abdruck erhalten. Man sagt auch, die Knochen sind „versteinert".

**4** Mit der Zeit werden einige Gesteine durch Wind und Wetter abgetragen (man nennt diesen Vorgang „Erosion"), und ältere Gesteine werden durch geologische Vorgänge angehoben. Das bringt Fossilien zur Oberfläche, wo man sie dann finden kann.

## GROSSE WIRKUNG

Die Fossilien, die Mary Anning und andere Paläontologen entdeckt haben, haben unser Wissen über die Erdgeschichte völlig verändert. Fossilien ermöglichen uns den Blick zurück in die Zeit, vor Millionen von Jahren, in der es noch keine Menschen gab. Unglaublich alte Fossilien liefern konkrete Beweise für die Evolutionstheorie, sie inspirieren Menschen dazu, mehr über die Geschichte unseres Planeten zu lernen, und sie regen Wissenschaftler und Wissenschaftlerinnen dazu an, noch mehr über das Leben auf der vorzeitlichen Erde herauszufinden.

# WIE MAN EINEN VIRUS STOPPT

Zu den meisten Zeiten der Menschheitsgeschichte töteten Krankheiten, die durch winzige Erreger – Mikroorganismen oder noch kleinere Partikel, die Viren – ausgelöst werden, fast ein Drittel der Menschen. Eine der tödlichsten waren die Pocken, die durch einen Virus entstehen, der in der Atemluft übertragen wird. Millionen Menschen starben oder erblindeten, aber 1796 fand ein britischer Arzt einen Weg, das sicher zu verhindern: die Impfung. 1980 waren die Pocken weltweit ausgerottet.

**1** Vor etwa 500 Jahren erkannte man in China, dass eine milde Form der Pocken vor einem schweren Verlauf der Krankheit schützt. So blies man Menschen Pockenschorf in die Nase, um sie zu infizieren. Teils funktionierte das, aber viele erkrankten schwer und starben.

**2** Bis zum 18. Jahrhundert war in Europa ein etwas weniger tödlicher Weg gefunden worden: Man infizierte die Haut von Gesunden mit Pockenschorf. Die russische Zarin Katharina die Große wurde so behandelt. Sie war zwei Wochen krank, aber es funktionierte.

**3** Im späten 18. Jahrhundert bemerkte der englische Arzt Edward Jenner, dass Melkerinnen keine Pocken bekamen. Vielleicht hatten die Kühe sie mit den Rinderpocken angesteckt, einer ähnlichen, aber ungefährlicheren Krankheit?

**4** 1796 rieb Jenners Eiter aus den Rinderpockenpusteln einer Melkerin in einen Schnitt im Arm eines Jungen. Später infizierte Jenners ihn mit Pocken, aber er blieb gesund: Er war immun. Die Behandlung nannte man Impfung oder Vakzination – nach dem lateinischen Wort *vacca* für „Kuh".

## Das steckt dahinter

# FUNKTION VON VIREN

Viren sind die winzigsten Erreger. Sie verursachen viele Krankheiten wie Grippe, Windpocken, Tollwut und COVID-19. Um sich zu vermehren, übernehmen sie Zellen unseres Körpers und bringen sie dazu, neue Viren zu produzieren.

Ist er in den Körper eingedrungen, findet der Virus mit bestimmten Molekülen auf seiner Oberfläche, den Antigenen, geeignete Zellen.

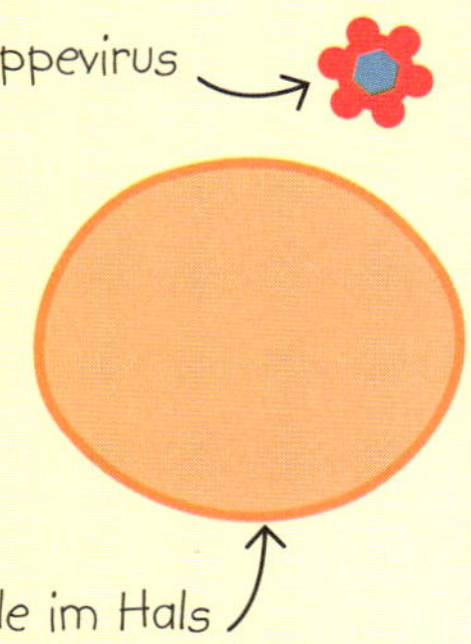


Der Virus injiziert seine Gene in die Zelle als ein DNA-Molekül (oder als ein chemisch ähnliches RNA-Molekül).

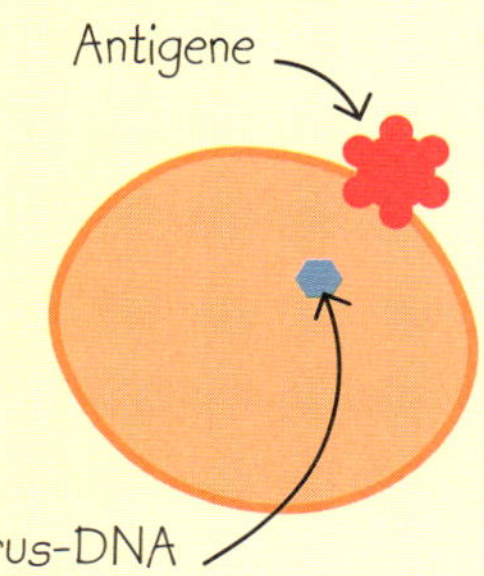


Die Gene des Virus übernehmen die Zelle und bringen sie dazu, Kopien der Gene und Antigene des Virus zu produzieren.

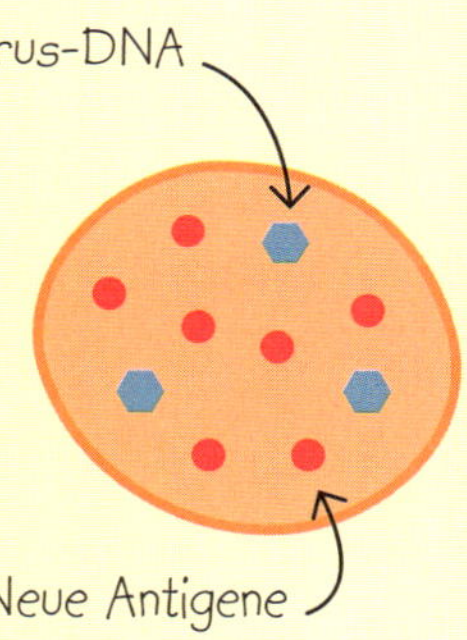


Die Zelle setzt diese Teile zu Hunderten Kopien des eingedrungenen Virus zusammen. Sie brechen aus der Zelle aus und zerstören sie dabei, um weitere Zellen zu befallen.

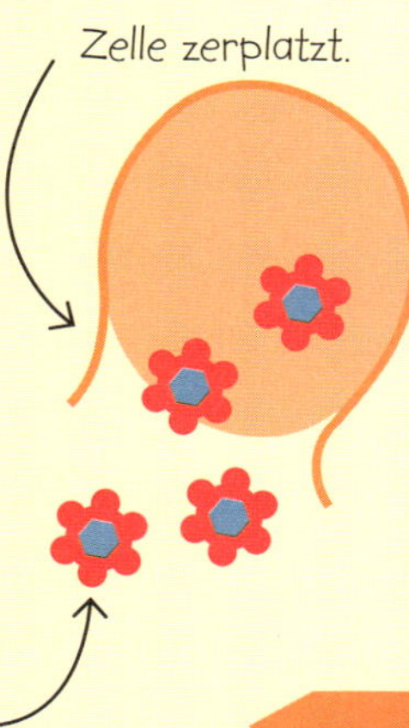

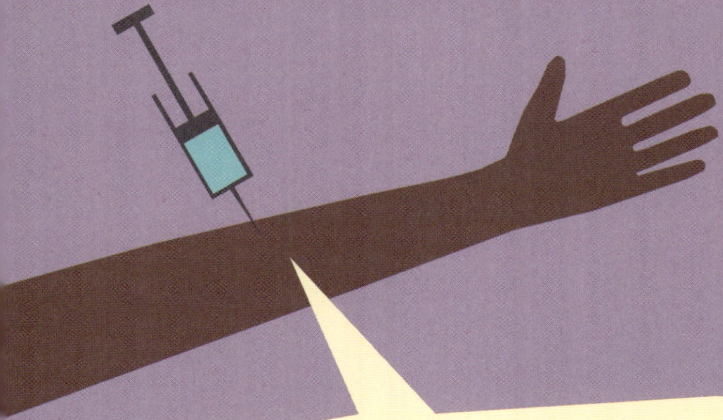

# IMPFUNGEN

Impfungen funktionieren, indem sie das Immunsystem deines Körpers anregen. Dein Immunsystem sucht ständig nach neuen Erregern und bekämpft sie mit speziellen Molekülen, den Antikörpern. Dabei bildet es auch Gedächtniszellen, die die Merkmale des Erregers speichern. Versucht der gleiche Erreger später erneut, dich zu infizieren, starten die Gedächtniszellen eine so schnelle Gegenwehr, dass der Erreger zerstört wird, bevor er dich krank macht: Du bis immun.

**1** Die meisten Impfstoffe bestehen aus veränderten Erregern und tragen die gleichen Antigenmoleküle auf ihrer Oberfläche wie die Erreger selbst. Wenn der Impfstoff oder der Erreger in den Körper eindringt, versuchen die weißen Blutkörperchen, mit ihren Antikörpern an seine Antigene zu binden. Sie probieren Tausende verschiedene Antikörper aus, bis einer passt.

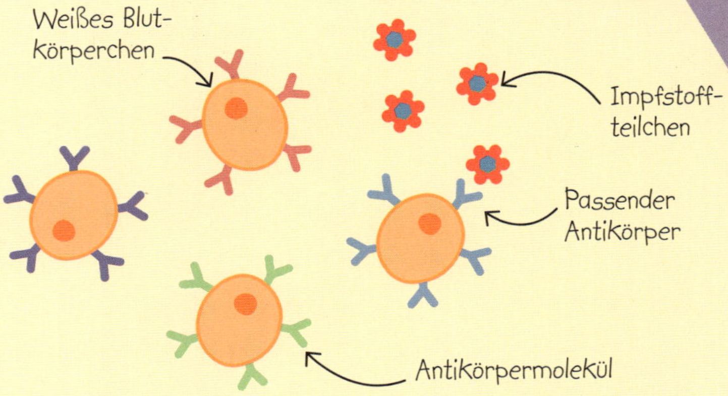


**2** Findet ein weißes Blutkörperchen einen passenden Antikörper, beginnt es sich zu teilen. Millionen neuer Blutkörperchen entstehen, die alle die passenden Antikörper haben und sie in riesigen Mengen freisetzen. Die Antikörper verteilen sich im Körper und binden sich an die Erreger. Sie dienen als Markierung für Fresszellen, die den Erreger dann umschlingen und töten.

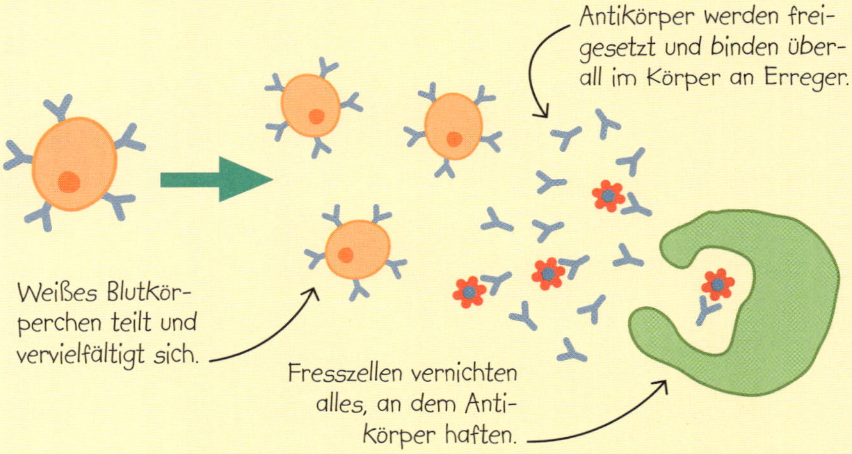


**3** Die erfolgreichen weißen Blutkörperchen bilden außerdem Gedächtniszellen. Sie bleiben jahrelang im Körper und stehen bereit, sofort einen Gegenangriff zu starten, wenn der Erreger später erneut auftaucht. Diese Gedächtniszellen geben dem Körper Immunität.

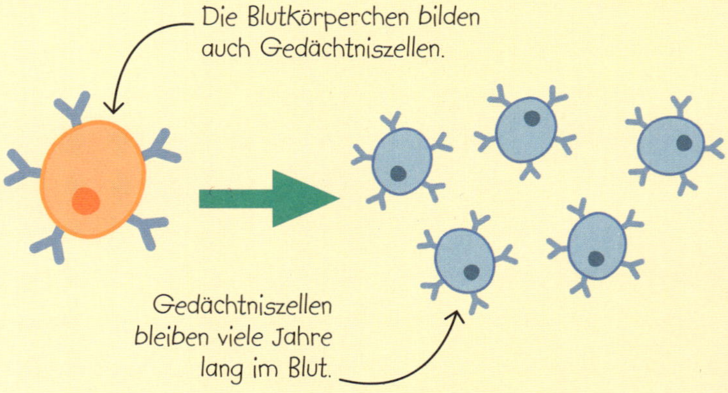

**WUSSTEST DU DAS?**

**Virusmutationen**

Viren wie der Grippevirus verändern sich schnell durch Mutationen, also Veränderungen ihrer Gene. Wenn eine Mutation die Form der Antigene des Virus ändert, dann können die Antikörper im menschlichen Körper sie nicht mehr erkennen und die Person ist nicht immun. Deshalb kann man jedes Jahr erneut an Grippe erkranken.

**INTERESSANT!**

**COVID-19-Pandemie**

Ende 2019 erfuhr die Weltgesundheitsorganisation von einer tödlichen neuen Lungenkrankheit. Die COVID-19-Pandemie ging um die Welt; Millionen Menschen starben. In nur einem Jahr entwickelten Forscher mindestens drei wirksame Impfstoffe, aber COVID-19 wird wohl aufgrund von Mutationen nie wieder verschwinden.

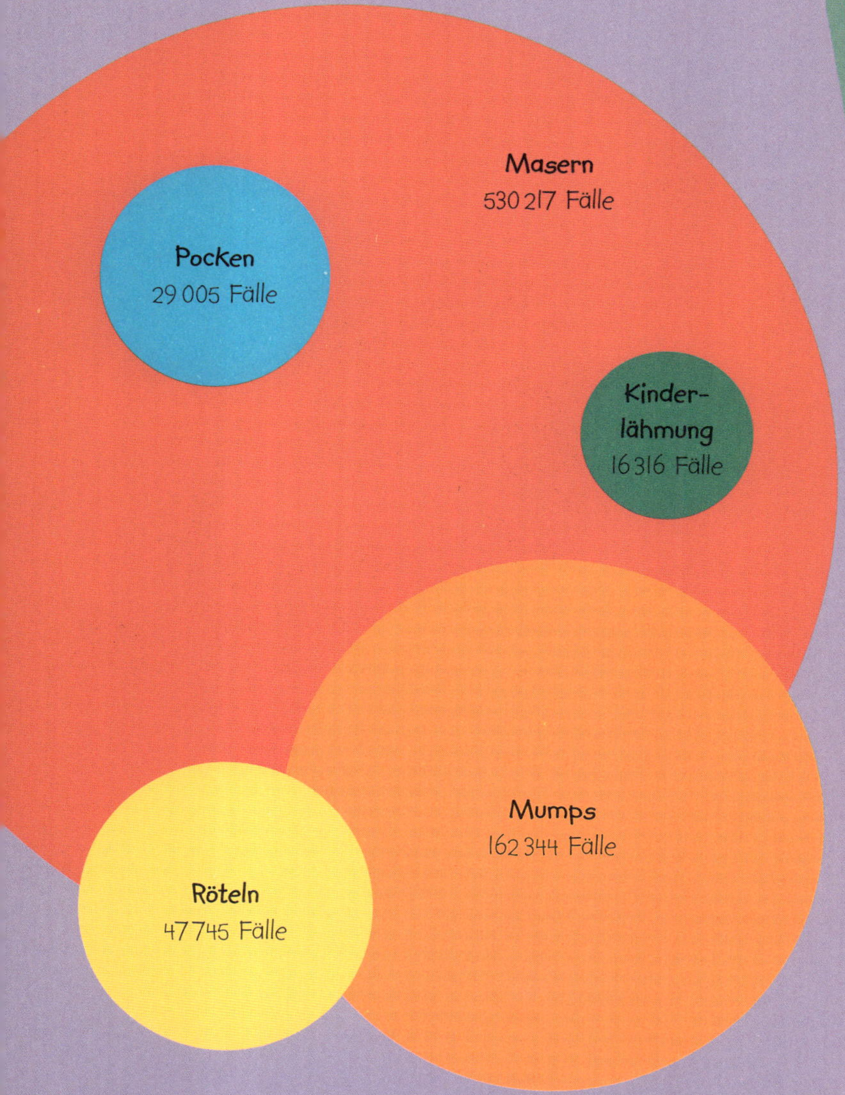


Jährliche Fälle in den USA 1910

## IMPFUNGEN SIND WICHTIG

Impfungen retten Millionen Menschen jedes Jahr. Die Masernimpfung hat weltweit zwischen 2000 und 2016 den Tod von 20 Millionen Kindern verhindert, schätzt man. Zwar wurden nur sehr wenige Krankheiten durch Impfungen ganz ausgerottet, aber viele Krankheiten, die früher häufig waren, kommen heute kaum noch vor.

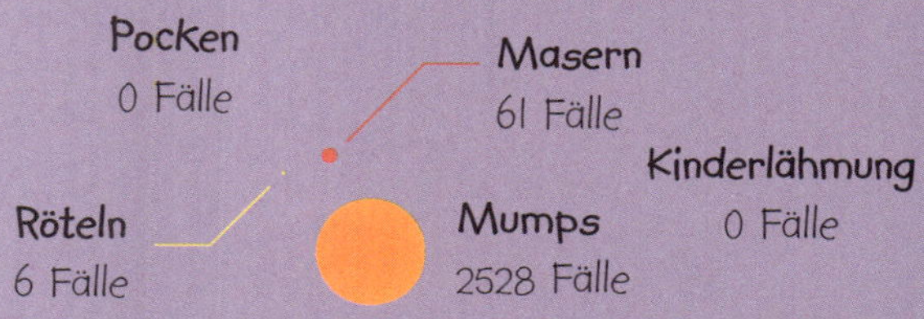


Jährliche Fälle in den USA 2010

# WAS BESTIMMT MEIN AUSSEHEN?

Es gibt einen Grund, warum du ähnlich wie deine Familie aussiehst, und dieser Grund sind die Gene – das Erbmaterial, durch das du einige Merkmale von deinen Eltern erbst. Die Wissenschaft davon, wie Merkmale von einer zur nächsten Generation vererbt werden, nennt man Genetik. Menschen wussten schon lange von Vererbung, aber erst ein tschechischer Mönch konnte genau erklären, wie sie funktioniert.

**1** Seit Tausenden von Jahren haben Menschen Gene verändert, ohne es zu wissen: beim Züchten von Tieren und Pflanzen. Dazu wählten sie diejenigen Exemplare mit gewünschten Eigenschaften zur Zucht aus, damit sie diese Merkmale an die Nachkommen weitergeben.

**2** Der Mönch Gregor Mendel erforschte Mitte des 19. Jahrhunderts wie Merkmale vererbt werden. Dazu experimentierte er mit Erbsenpflanzen im Klostergarten. Er wählte Erbsen, weil sie schnell wachsen, viele Samen produzieren, deutlich unterscheidbare Merkmale haben und leicht in einer kontrollierten Umgebung gezüchtet werden können.

**3** Im Lauf von acht Jahren züchtete Mendel etwa 29 000 Erbsenpflanzen. Er notierte bestimmte Merkmale wie die Farbe der Schoten, Erbsen und Blüten über viele Generationen hinweg. Er entdeckte, dass sich die Merkmale nicht „mischen", dass also z. B. die Kreuzung von Pflanzen mit weißen und lila Blüten nicht zu Pflanzen mit helllila Blüten führte.

Als Mendel Pflanzen, die immer grüne Schoten hatten, mit Pflanzen kreuzte, die immer gelbe Schoten hatten, hatte die nächste Generation immer grüne Schoten.

Als er diese grünschotigen Pflanzen miteinander kreuzte, hatten sie grünschotige und gelbschotige Nachkommen im Verhältnis 3 zu 1.

**4** Mendel entdeckte, dass sich bestimmte Merkmale der Erbsenpflanzen in jeder Generation veränderten, wobei einige eine Generation übersprangen und einige häufiger auftauchten als andere. Er schloss, dass einige Merkmale mit größerer Wahrscheinlichkeit bei den Nachkommen erscheinen – diese Merkmale nannte er dominant.

# VERERBUNG DER GENE

Mendel überlegte, dass jeder Elternteil zwei Versionen jedes Merkmals trägt und je eine davon an die Nachkommen vererbt. Einige Versionen (etwa grüne Schoten) waren dominant über andere (etwa gelbe Schoten), die man rezessiv nennt. Heute nennen wir diese Erbmerkmale „Gene" und die verschiedenen Versionen jedes Merkmals „Allele".

Jeder Elternteil hat zwei Allele pro Merkmal. Großbuchstaben zeigen dominante Merkmale (grüne Schoten).

Die verschiedenen möglichen Kombinationen stellt man in einem Rekombinationsquadrat dar.

### Erste Generation

| | | Elternteil mit gelber Schote | |
|---|---|---|---|
| | | g | g |
| Elternteil mit grüner Schote | G | Gg | Gg |
| | G | Gg | Gg |

### Zweite Generation

| | | Nachkommen grüner und gelber Schoten | |
|---|---|---|---|
| | | G | g |
| Nachkommen grüner und gelber Schoten | G | GG | Gg |
| | g | Gg | gg |

Ein dominantes und ein rezessives Allel führt dazu, dass das dominante Merkmal erscheint.

Alle Pflanzen der ersten Generation haben ein dominantes (G) und ein rezessives (g) Allel.

Zwei rezessive Allele ergeben das rezessive Merkmal, sodass in der zweiten Generation ein Viertel wieder gelbe Schoten hat.

# SELEKTION

Wir nutzen heute unser Wissen über Genetik dazu, Lebewesen mit für uns vorteilhaften Merkmalen zu züchten. Für die Zucht wählt man Eltern mit dem Merkmal aus, das man verstärken möchte. So züchtet man z. B. Schafe mit mehr Wolle oder Nutzpflanzen mit höherem Ertrag. Wir können auch Tiere oder Pflanzen züchten, die gegen Schädlinge oder Krankheiten resistent (unempfindlich) sind. Das alles hat enorme Auswirkungen darauf, wie viel Lebensmittel man herstellen kann.

Krankheitsresistenz bei Pflanzen und Tieren steigert die Lebensmittelerträge.

Tiere werden darauf gezüchtet, größer zu werden und mehr Fleisch zu produzieren.

Nutzpflanzen wie Weizen werden darauf gezüchtet, gesünder, schmackhafter und ertragreicher zu sein.

# ÄHNLICHKEITEN UND UNTERSCHIEDE

Die Genetik vieler Merkmale beim Menschen ist komplex und nicht so einfach vorherzusagen wie bei Erbsenpflanzen. Denn viele unserer Merkmale werden von mehr als einem Gen bestimmt, und (wie wir an den Erbsen gesehen haben) einige Merkmale können eine Generation überspringen und erst bei den Enkeln wieder erscheinen. Das Beste, was wir oft wissen können, ist eine grobe Schätzung der Wahrscheinlichkeiten aufgrund der Merkmale der Eltern.

| Elternteil 1 | | Elternteil 2 | | Wahrscheinlichkeit Augenfarbe Kind | | |
|---|---|---|---|---|---|---|
| | + | | = | 75 % | 18,75 % | 6,25 % |
| | + | | = | 50 % | 37,5 % | 12,5 % |
| | + | | = | 50 % | 0 % | 50 % |
| | + | | = | <1 % | 75 % | 25 % |
| | + | | = | 0 % | 50 % | 50 % |
| | + | | = | 0 % | 1 % | 99 % |

Wenn ein Elternteil braune Augen hat und der andere blaue, dann ist es gleich wahrscheinlich, dass das Kind braune oder blaue Augen hat.

**INTERESSANT!**

### Genetischer Fingerabdruck

Die Gene jedes Menschen sind verschieden, sodass man ihn damit eindeutig identifizieren kann, ähnlich wie mit Fingerabdrücken. Die Polizei analysiert Haar- oder Speichelreste vom Tatort mit genetischen Methoden, um den Täter zu überführen.

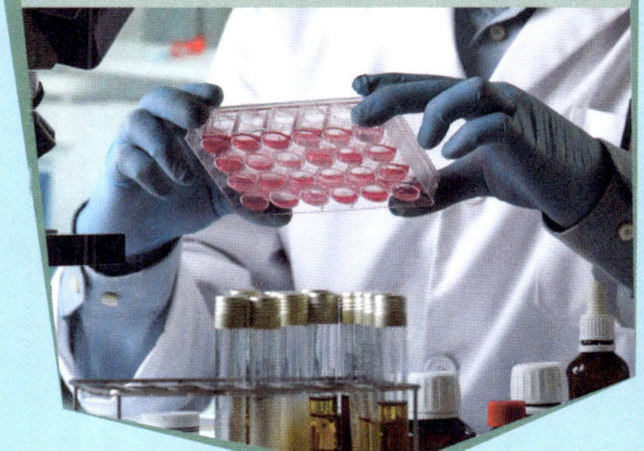

Außerdem passieren manchmal Fehler, wenn die Allele der Eltern für die Nachkommen kopiert werden. Dies führt zu Unterschieden, sodass manche Menschen überhaupt nicht wie ihre Eltern aussehen oder ein bestimmtes Merkmal haben (etwa besonders groß sind), das ihren Eltern fehlt. Diese Veränderungen werden Teil ihres eigenen Erbmaterials, das sie weitergeben, wenn sie später selbst Kinder haben.

Die Gene für die Größe der Töchter unterscheiden sich offenbar von denen der Eltern.

# MILLIONEN LEBEN RETTEN

Im Ersten Weltkrieg starben Millionen Soldaten – aber nicht alle auf dem Schlachtfeld. Viele starben, weil ihre Wunden von winzigen Organismen infiziert wurden, die man Bakterien nennt. Seit Jahrtausenden hatten Bakterien selbst die kleinsten Wunden zu einer tödlichen Gefahr gemacht, aber all das änderte sich dank einer Entdeckung, die ganz zufällig gemacht wurde!

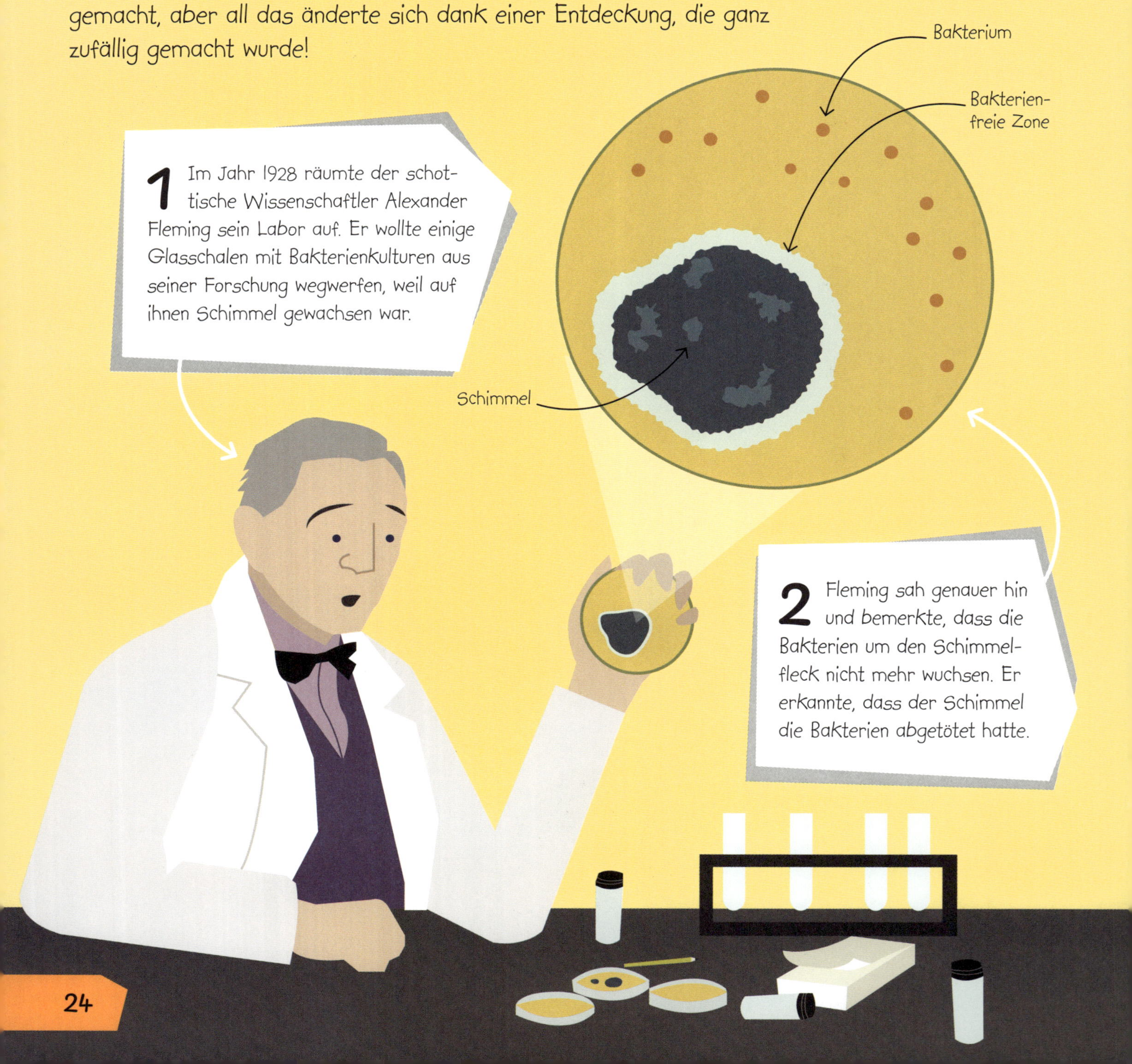


**1** Im Jahr 1928 räumte der schottische Wissenschaftler Alexander Fleming sein Labor auf. Er wollte einige Glasschalen mit Bakterienkulturen aus seiner Forschung wegwerfen, weil auf ihnen Schimmel gewachsen war.

**2** Fleming sah genauer hin und bemerkte, dass die Bakterien um den Schimmelfleck nicht mehr wuchsen. Er erkannte, dass der Schimmel die Bakterien abgetötet hatte.

**3** Fleming vermutete, dass er zufällig auf ein Mittel gegen Bakterien gestoßen sein könnte. Sein Laborteam machte sich an die Arbeit und einige Wochen später hatten sie den Pilz bestimmt, der die Bakterien tötete: der Pinselschimmel *Penicillium*. Fleming hatte das erste Antibiotikum entdeckt. Er nannte es Penizillin.

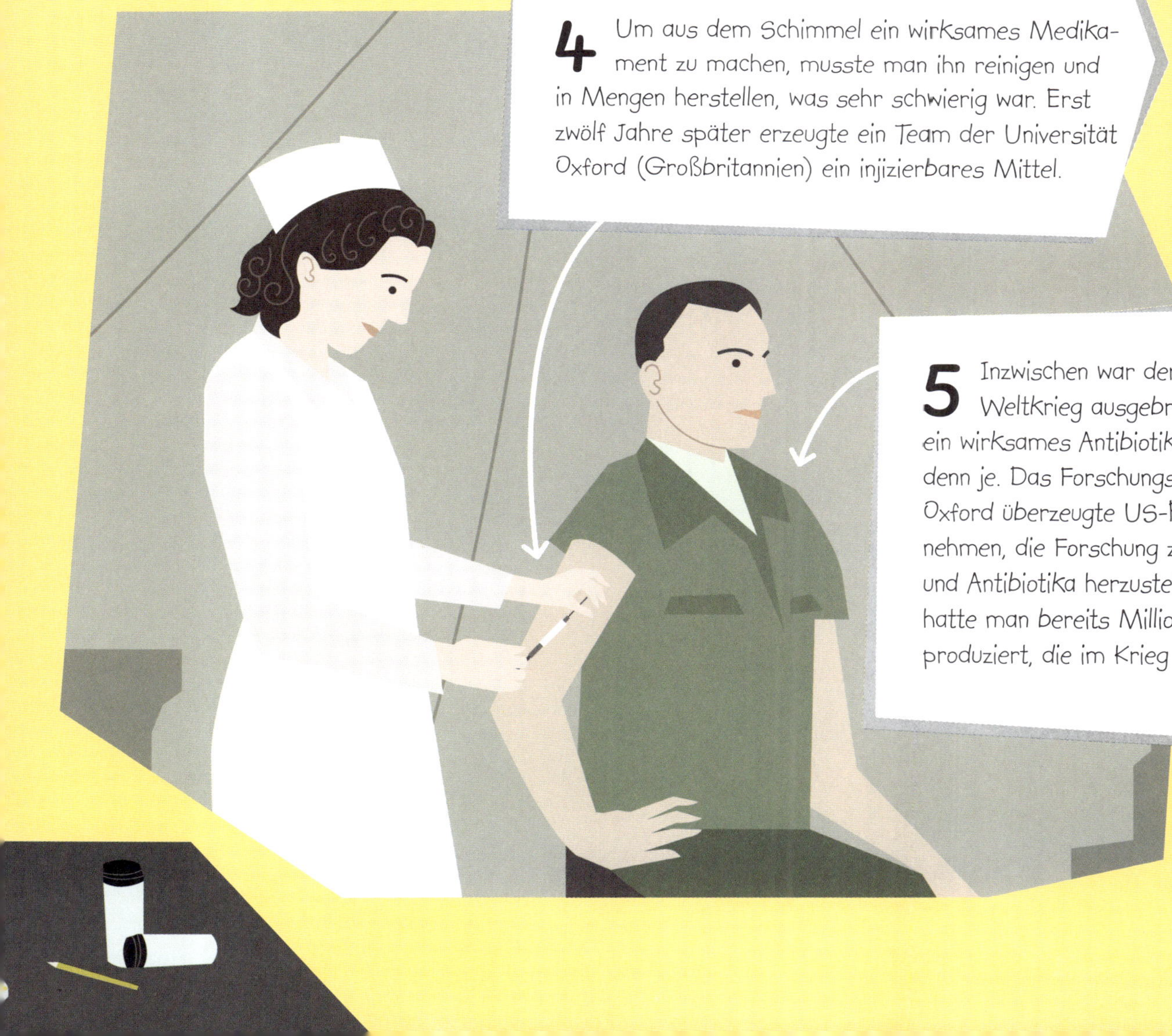

**4** Um aus dem Schimmel ein wirksames Medikament zu machen, musste man ihn reinigen und in Mengen herstellen, was sehr schwierig war. Erst zwölf Jahre später erzeugte ein Team der Universität Oxford (Großbritannien) ein injizierbares Mittel.

**5** Inzwischen war der Zweite Weltkrieg ausgebrochen und ein wirksames Antibiotikum wichtiger denn je. Das Forschungsteam aus Oxford überzeugte US-Pharmaunternehmen, die Forschung zu unterstützen und Antibiotika herzustellen. Bis 1944 hatte man bereits Millionen Dosen produziert, die im Krieg wichtig waren.

# WAS SIND BAKTERIEN?

Bakterien sind winzige einzellige Lebewesen, die überall auf der Erde vorkommen. Ein Teelöffel Erdboden enthält mindestens 100 Millionen Bakterien – dein Körper enthält sogar 40 Billionen. Einige sind für uns nützlich, etwa die, die im Darm bei der Verdauung der Nahrung helfen, aber andere können tödliche Krankheiten verursachen. Bakterien werden oft nach ihrer Form in drei Gruppen eingeteilt.

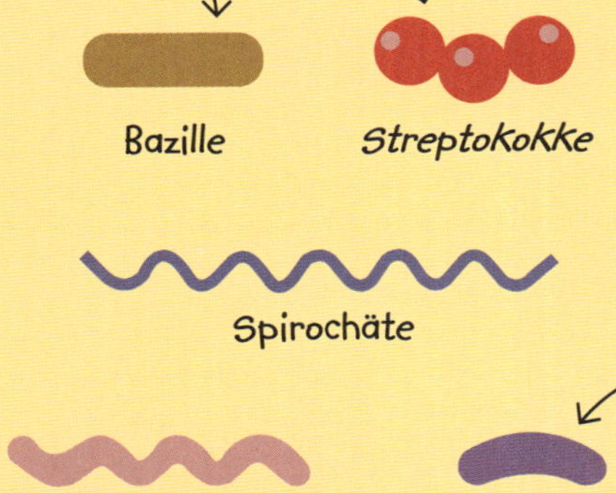


Spiralförmige Bakterien können kommaförmig (Vibrionen), dick und schraubenförmig (Spirillen) oder eher dünn und korkenzieherartig (Spirochäten) sein.

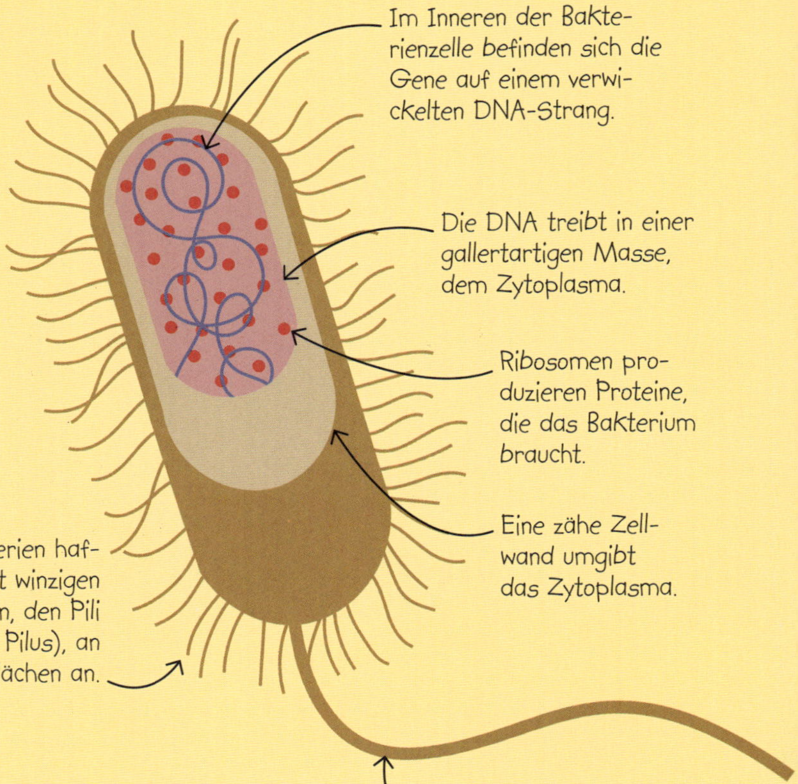


# WIE PENIZILLIN WIRKT

Seit dem Zweiten Weltkrieg wurden Millionen Kranke mit Penizillin und anderen Antibiotika gegen Infektionen mit Bakterien behandelt. Streptokokken sind eine Bakterienform, die im Hals von Menschen und Tieren lebt. Normalerweise verursachen sie keine Probleme, aber bei Menschen mit geschwächtem Immunsystem können sie sich bis in die Lungen ausbreiten und eine gefährliche Lungenentzündung hervorrufen.

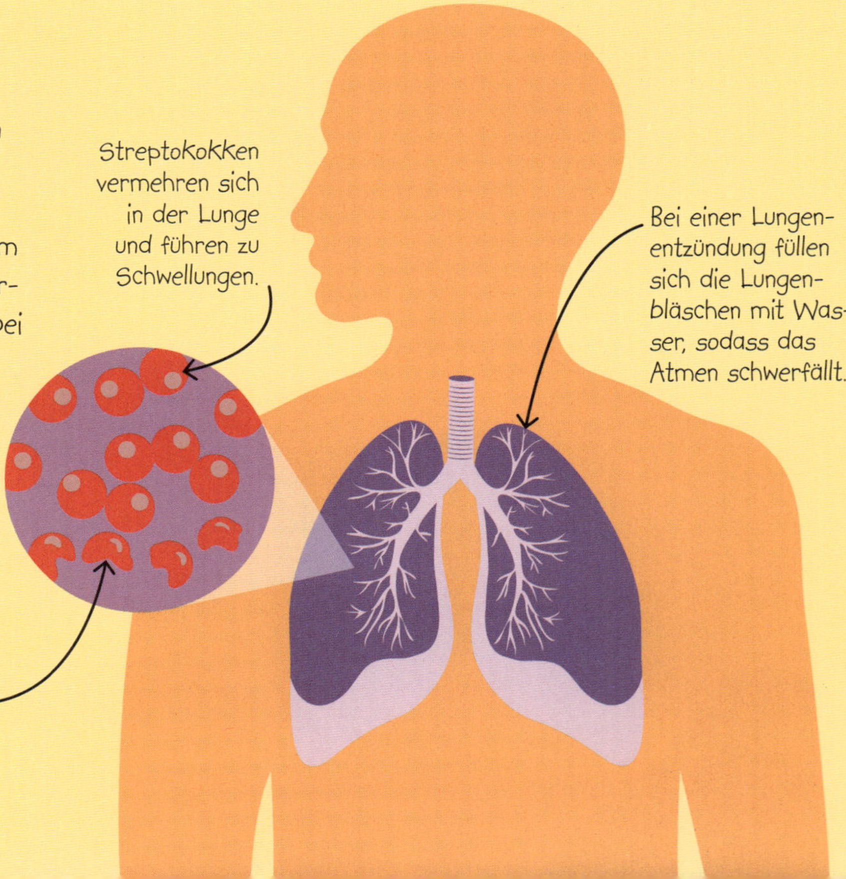

# SUPERBAKTERIEN

Antibiotika haben viele Millionen Leben gerettet, aber Forschende entdeckten bald ein Problem. Die Bakterien, die wir mit Antibiotika bekämpfen, verändern sich andauernd durch Mutationen ihrer Gene. Durch einige Mutationen werden sie resistent gegen Antibiotika, und je mehr Antibiotika wir einsetzen, desto häufiger treten diese resistenten Bakterien auf. Diese resistenten, hochgefährlichen Bakterien nennt man auch Superbakterien.

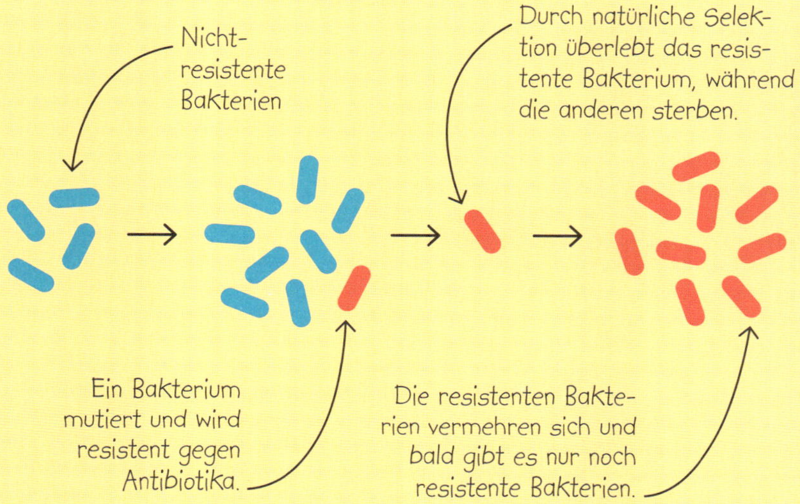


**INTERESSANT!**

### Zähe Bakterien

Bakterien sind so widerstandsfähig, dass sie sogar in der extremen Kälte und der starken Strahlung im Weltraum leben können. Wissenschaftler platzierten Bakterien der Art *Deinococcus radiodurans* an der Außenseite der Internationalen Raumstation. Sie überlebten drei Jahre lang. Leben ist also nicht nur unter Bedingungen wie auf der Erde möglich.

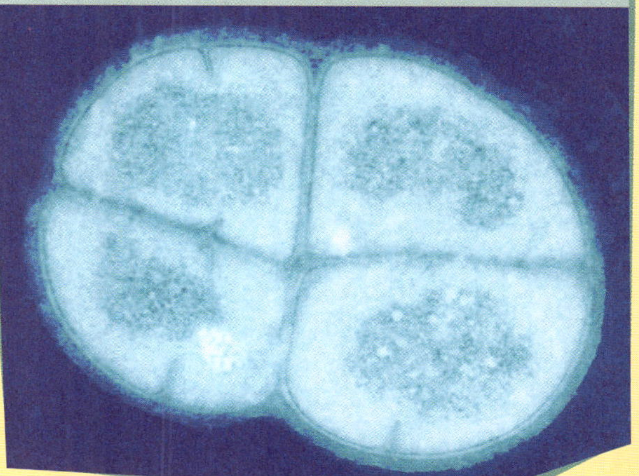

# LEUCHTENDE TIERE

Einige Lebewesen nutzen Bakterien, um selbst Licht zu erzeugen. Diesen Trick nennt man Biolumineszenz. Um sich in der Nacht zu tarnen, tragen Zwergtintenfische leuchtende Bakterien der Art *Vibrio fischeri* in einem „Leuchtorgan", einer kleinen Tasche im Mantel (einem Teil der Körperoberfläche). Das Licht ähnelt dem Mondlicht auf dem Wasser, sodass sich der Tintenfisch von unten gesehen in den Hintergrund der Wasseroberfläche einfügt und Raubfischen unbemerkt entkommen kann.

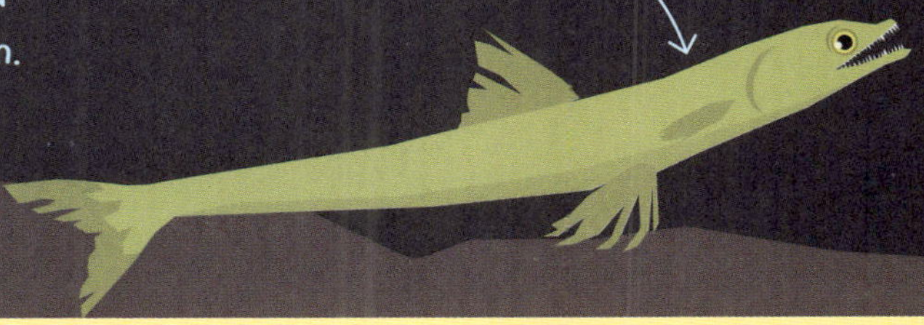

# LEBENSMITTEL FRISCH HALTEN

Vor 1860 konnte man Milch nicht länger als ein paar Tage lagern. Man musste sie jeden Tag frisch kaufen, und selbst dann wurden Menschen oft von ihr krank. Milch wurde sehr schnell schlecht, und lange wusste man nicht, warum das so war und wie man es verhindern konnte. Dann machte der französische Biologe Louis Pasteur eine bedeutende Entdeckung, mit der wir Milch heute länger haltbar und sicherer machen.

**1** Louis Pasteur erforschte, warum Lebensmittel, vor allem Milch, schlecht wurden. Viele dachten damals, das passiere zufällig und man könne das Krankheitsrisiko nicht vermeiden.

**2** Pasteur erkannte schnell, dass Mikroben (mikroskopisch kleine Organismen), die natürlich in der Milch vorkommen, die Milch schlecht werden lassen, und dass einige dieser Mikroben die Menschen krank machen.

**3** Er probierte verschiedene Methoden aus, die Mikroben abzutöten. Bald entdeckte er, dass Milch viel länger hält, wenn man sie bis zum Kochen erhitzt und dann schnell abkühlt, und dass die Menschen dann auch nicht krank wurden, wenn sie die Milch tranken.

**4** Diese Behandlung wurde als „Pasteurisierung“ bekannt. Sie war ein enormer Erfolg, und Hersteller nutzten sie auch für andere Lebensmittel, um sie haltbarer zu machen. Sie wird heute noch weltweit angewandt.

Das steckt dahinter

## PASTEURISIERUNG

Durch Pasteurisieren wird Milch länger haltbar. Dazu wird die Milch in einem Wärmetauscher auf hohe Temperaturen erhitzt und dann schnell abgekühlt. Dann wird sie sofort in einer Verpackung versiegelt, die man vorher sterilisiert (keimfrei gemacht) hat.

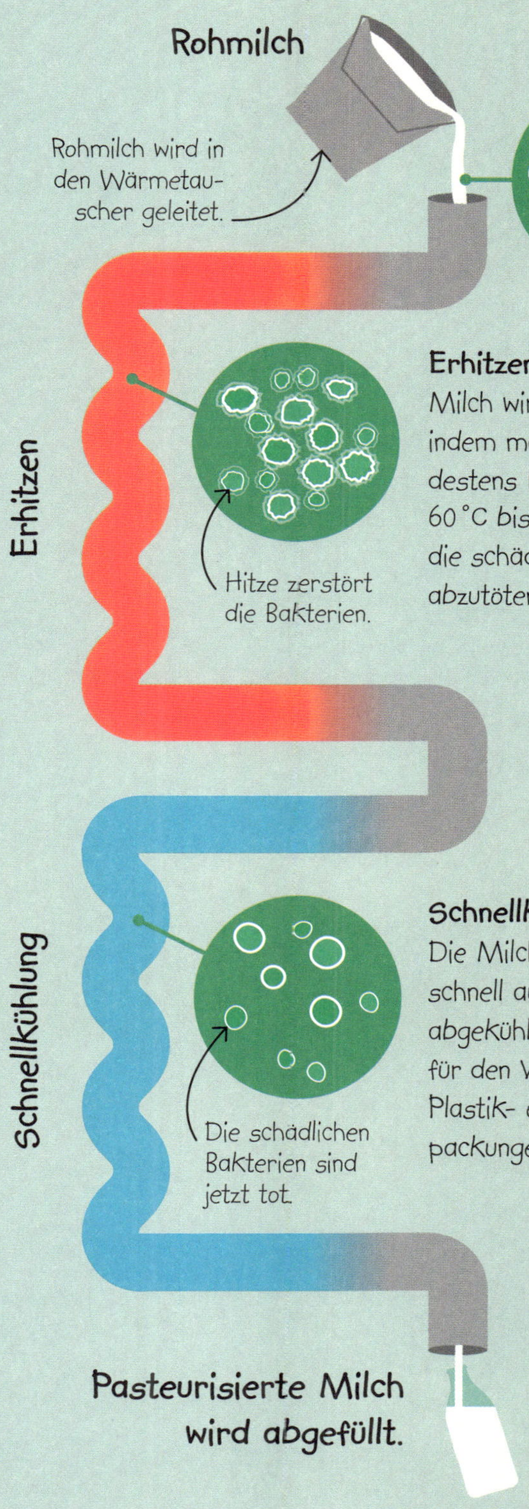


**Erhitzen**
Milch wird pasteurisiert, indem man sie für mindestens 15 Sekunden auf 60 °C bis 100 °C erhitzt, um die schädlichen Bakterien abzutöten.

**Schnellkühlung**
Die Milch wird dann sehr schnell auf unter 3 °C abgekühlt. Nun wird sie für den Verkauf in Flaschen, Plastik- oder Kartonpackungen abgefüllt.

# WAS WIRD PASTEURISIERT?

Heute werden viele Lebensmittel pasteurisiert, aber nicht immer aus dem gleichen Grund. In den meisten Ländern ist für viele Lebensmittelprodukte, die an Kunden verkauft werden sollen, vorgeschrieben, sie vorher zu pasteurisieren.

# DU BIST DRAN!

## DIE PH-SKALA

Der pH-Wert (für *potentia hydrogenii*, also „Potenzial des Wasserstoffs") gibt an, wie sauer oder basisch eine Flüssigkeit ist. Saure Substanzen haben einen pH-Wert von 1 bis 6, während 8 bis 14 basische Stoffe anzeigt. In diesem Experiment untersuchst du, was mit dem pH-Wert von Milch mit der Zeit geschieht. Du brauchst Lackmuspapier (mit dem man den pH-Wert bestimmt) und etwas Milch.

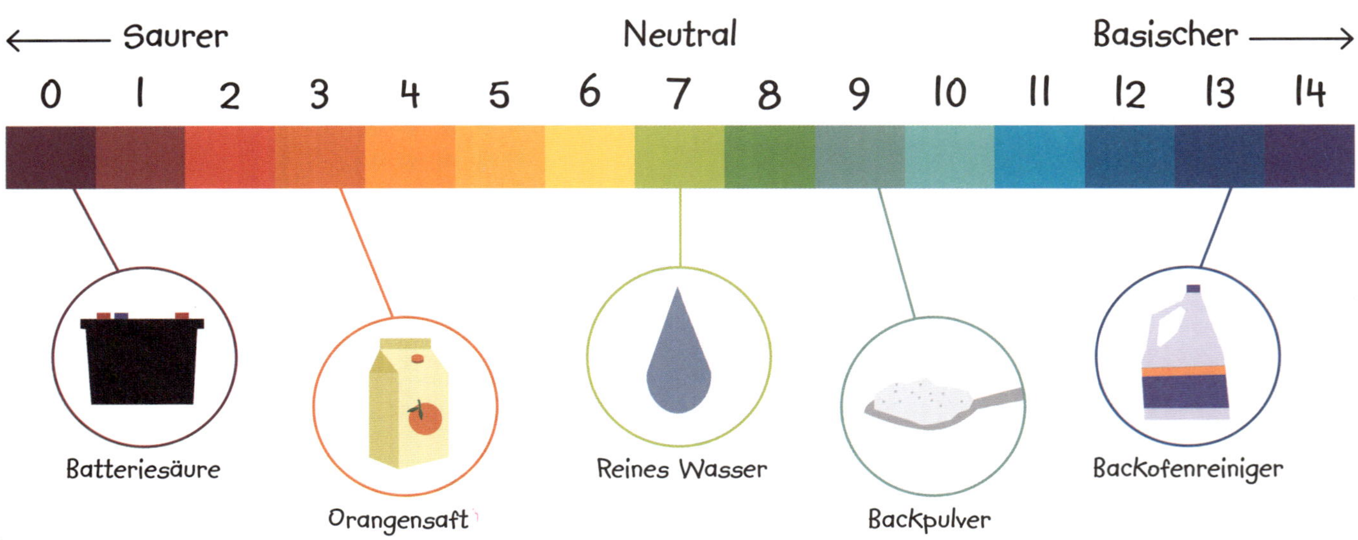

# KAMPF GEGEN MIKROBEN

Lebensmittel werden seit Jahrhunderten auf vielerlei Weise haltbar gemacht, etwa durch Trocknen, Einmachen, Fermentieren oder Kühlen. Heute nutzen wir weitere Methoden, wie Einfrieren, die Zugabe chemischer Stoffe oder spezielle Verpackungen, etwa Konservendosen. All diese Methoden töten Mikroben ab oder verlangsamen zumindest ihre Vermehrung, oder sie verhindern, dass das Lebensmittel überhaupt mit Mikroben in Kontakt kommt.

**WUSSTEST DU DAS?**

**Rettung der Seidenindustrie**
Seidenspinner, eine Schmetterlingsart, leiden an zwei Krankheiten, durch die die Raupen sterben. Louis Pasteur erkannte, dass es Infektionen waren, und fand Methoden, die Eier zu prüfen, um die Übertragung zu stoppen. Seine Arbeit rettete die französische Seidenindustrie zeitweise und seine Methoden wurden weltweit übernommen.

Mit Lackmuspapier bestimmst du den pH-Wert der Milch und notierst ihn.

Lass die Milch mindestens eine Woche stehen (am besten draußen, weil sie stinken wird) und teste sie dann mit neuem Lackmuspapier.

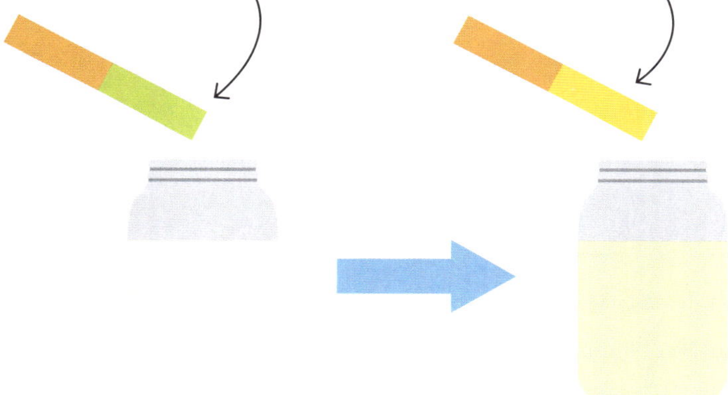

Du müsstest feststellen, dass der pH-Wert am Ende niedriger ist als am Anfang. Auch wenn die Milch pasteurisiert wurde, enthält sie noch einige Mikroben. Mit der Zeit vermehren sie sich und wandeln den Milchzucker (Laktose) in Milchsäure um, was die Milch sauer macht.

**INTERESSANT!**

**Länger frisch**
Haltbare Lebensmittel haben unsere Lebensweise verändert: Wir brauchen nicht mehr da leben, wo Nahrung produziert wird, wir müssen nicht jeden Tag einkaufen und wir können längere Reisen machen.

# EVOLUTION

Die Tiere und Pflanzen, die vor Millionen von Jahren auf der Erde lebten, sahen ganz anders aus als die heutigen. Mit der Zeit verändern sich Tiere und Pflanzen langsam, sodass neue Arten entstehen. Diesen Vorgang nennt man Evolution. Der Erste, der zeigte, dass die Evolution stattfindet, wie sie abläuft und wodurch sie getrieben wird, war der englische Naturforscher Charles Darwin.

**1** Darwin war schon als Junge von der Natur fasziniert und träumte von exotischen Reisen. 1831, als er 22 Jahre alt war, wurde er eingeladen, als Naturforscher auf einer wissenschaftlichen Expedition um die Welt zu segeln. Er nahm die Gelegenheit sofort wahr.

**2** Die fünfjährige Reise auf der *Beagle* führte Darwin zu Urwäldern, Wüsten, Vulkanen und Tropeninseln. Er sah Riesenschildkröten, Meeresleguane und andere Naturwunder. Er führte ein Tagebuch und machte Tausende Zeichnungen und Notizen, mit denen er seine Beobachtungen sorgfältig festhielt.

**3** Auf den Galapagosinseln, einer Inselgruppe im Pazifik, katalogisierte Darwin 13 neue Arten von Finken, die jeweils eine andere Schnabelform hatten. Später überlegte er, ob sie alle Nachkommen von Exemplaren einer einzigen Vogelart waren, die es vor langer Zeit auf die Inseln verschlagen hatte.

**4** Nach Darwins Rückkehr begann sich in seinem Geist eine Theorie zu formen, wie die Evolution funktionieren könnte. Er verbrachte Jahre damit, sie zu durchdenken und Belege zu sammeln, zögerte aber, sie zu veröffentlichen, weil sie religiösen Gefühlen widersprach. Erst mit 50 Jahren veröffentlichte er sie in einem Buch. Es war sofort ein Bestseller und löste eine wissenschaftliche Revolution aus.

### Das steckt dahinter

## NATÜRLICHE SELEKTION

Darwin sah, dass die meisten Lebewesen viel mehr Nachkommen haben, als am Ende überleben und selbst Nachkommen haben. Daher muss zwischen ihnen eine Konkurrenz herrschen, bei der die meisten umkommen. Die Individuen mit den für die Situation vorteilhaftesten Merkmalen haben größere Chancen, zu überleben und ihre Merkmale an die nächste Generation weiterzugeben. Die Natur wählt also ständig günstige Merkmale aus und unterdrückt ungünstige. Dies nannte er „natürliche Selektion".

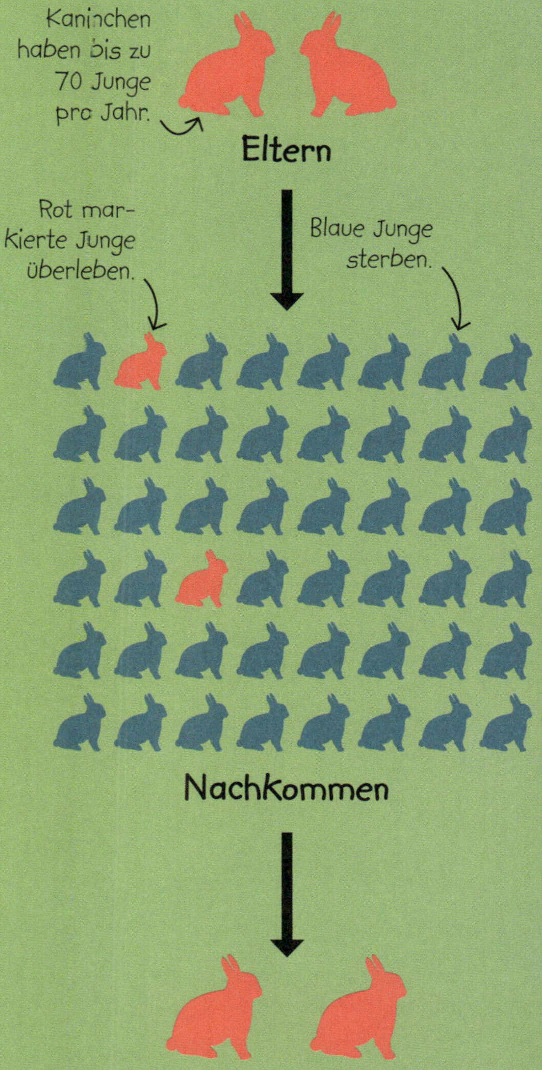


**Überlebende sind die Eltern der nächsten Generation.**

# DARWINS THEORIE

Darwin schrieb in seinem Buch, die Evolution werde vor allem durch die natürliche Selektion getrieben, durch die sich Arten verändern und besser an die Umwelt angepasst werden. Ein berühmtes Beispiel ist der Birkenspanner, ein Schmetterling. Im frühen 19. Jahrhundert waren Birkenspanner weiß und somit auf Birkenrinde gut getarnt. Im späten 19. Jahrhundert aber waren die meisten schwarz. In dieser Zeit waren viele Fabriken entstanden, deren Ruß die Bäume schwarz gefärbt hatte. Nun waren weiße Birkenspanner leicht zu sehen und wurden von Vögeln gefressen. Die schwarzen Birkenspanner waren getarnt und hatten bessere Überlebenschancen – die Art veränderte sich.

# ANPASSUNG IM LAUF DER ZEIT

Darwin erkannte, dass die Finken, die er auf den Galapagosinseln gesammelt hatte, den Arten im nahen Südamerika ähnelten. Doch die Inselfinken hatten jeweils verschiedene Schnäbel. Auf jeder Insel hatte die natürliche Selektion die Vögel gefördert, deren Schnäbel für die dort vorhandene Nahrung am besten geeignet waren. Diese Vögel hatten mehr Nachkommen mit denselben Schnabelmerkmalen und das wiederholte sich über Generationen. Am Ende war jede Vogelpopulation an eine andere Nahrung angepasst und hatte eine einmalige Schnabelform.

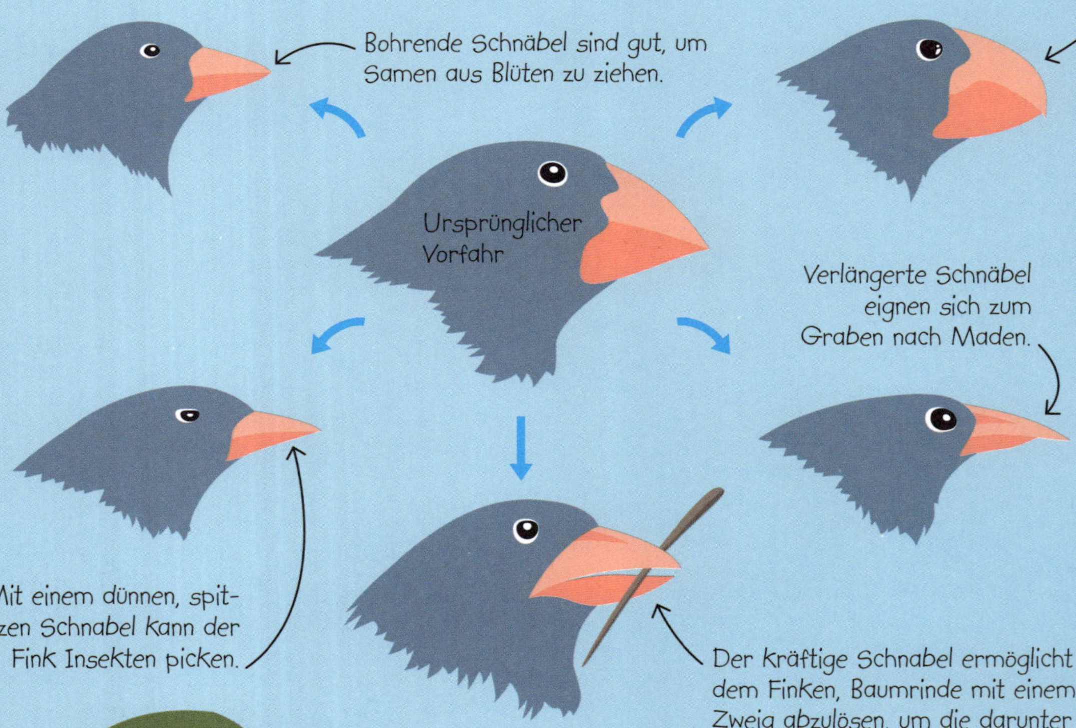

# WIE NEUE ARTEN ENTSTEHEN

Darwins Reise auf der *Beagle* führte ihn zu fernen Inseln, wo er Arten entdeckte, die es nirgendwo sonst gibt. Ihm wurde klar, dass neue Arten entstehen können, wenn eine Population in isolierte Gruppen geteilt wird, die sich nicht mehr miteinander fortpflanzen. Mit der Zeit verändert die Evolution durch natürliche Selektion jede der isolierten Populationen auf unterschiedliche Weise, bis sie so verschieden sind, dass sie keine Nachkommen mehr miteinander haben können – es sind verschiedene Arten entstanden.

**WUSSTEST DU DAS?**

**Evolution des Menschen**
Darwin stellte eine These auf, die viele Leute schockierte: dass sich Menschen ähnlich entwickelt haben wie andere Arten und mit Affen eng verwandt sind. Das widersprach dem christlichen Glauben, Gott habe die Menschen nach seinem Ebenbild geschaffen.

**1** Eine Population von Eichhörnchen bevölkert einen ganzen Kontinent. Sie können sich miteinander fortpflanzen – also bilden sie zusammen eine einzige Art.

**2** Der Meeresspiegel steigt und Berge werden zu isolierten Inseln. Zwei getrennte Populationen beginnen, sich unterschiedlich zu entwickeln.

**3** Der Meeresspiegel fällt wieder und die Eichhörnchen vermischen sich. Aber sie sind jetzt zu verschieden, um miteinander Nachkommen zu haben: Sie gehören nun zu verschiedenen Arten.

**INTERESSANT!**

**Balzverhalten**
Die Männchen vieler Vogelarten zeigen bei der Partnersuche eine komplizierte Balz mit Tänzen und einem farbenprächtigen Federkleid. Die Weibchen wählen dann das auffälligste Männchen. Im Lauf der Generationen führt diese Selektion dazu, dass die Männchen immer prächtiger und ihre Tänze immer komplizierter werden.

# BRILLANTE KÖPFE DER BIOLOGIE

Seit der Antike haben kluge Köpfe auf der ganzen Welt sich überlegt und geforscht, wie Lebewesen wohl funktionieren und sich verhalten. Dank technischer Fortschritte wie dem Mikroskop und der wissenschaftlichen Neugier an Themen wie dem menschlichen Körper bis zur Kommunikation von Bienen hat unser Wissen stetig zugenommen.

## SUSHRUTA

Die *Sushruta Samhita*, eine Textsammlung des antiken indischen Arztes Sushruta, ist eines der ältesten bekannten Medizinbücher der Welt. Sie beschreibt über 1100 Krankheiten und 700 medizinische Anwendungen mit Heilpflanzen. Sushruta war auch Chirurg und entwickelte Operationsmethoden, etwa zum Ziehen von Zähnen oder zur Behandlung des Grauen Stars, einer Trübung der Linse im Auge.

4. Jh. v. Chr.

6. Jh. v. Chr.

um 1500 v. Chr.

## ANRÜCHIGE MEDIZIN

Im alten Ägypten empfahl die Ärzteschaft alle möglichen seltsamen Behandlungen für Beschwerden und Krankheiten, etwa Salben aus Tierdung. Heutzutage klingt das zwar abstoßend, aber wir wissen auch, dass manche Arten von Dung nützliche Bakterien enthalten, die schädliche Mikroben töten.

## GRÜNDER DER BIOLOGIE

Der griechische Philosoph Aristoteles versuchte als Erster, Lebewesen zu klassifizieren. Er gruppierte die Tiere in solche mit Blut und solche ohne Blut. Durch Beobachtungen lebender Tiere und anatomische Sektionen toter Tiere erkannte er als einer der ersten Menschen, dass Tiere die gleichen Organe haben.

## UNTER DEM MIKROSKOP

Der Niederländer Hans Janssen und sein Sohn Zacharias sollen das erste zusammengesetzte Mikroskop (also eines mit mehreren Linsen) erfunden haben. Wenn man hindurchschaute, konnte man kleine Dinge bis zu neunfach vergrößert sehen.

### WUSSTEST DU DAS?

**Wo kommt der Name her?**
Vermutlich benutzte der englische Arzt Thomas Beddoes als Erster das Wort „Biologie" im modernen Sinne als „Studium des Lebendigen" in einem Medizinbuch, das er 1799 veröffentlichte.

## ZELLEN

Der Engländer Robert Hooke entdeckte die Zellen, als er eine hauchdünn geschnittene Korkschicht von unten beleuchtete und unter dem Mikroskop ansah. Er nannte die winzigen Strukturen „Zellen", weil ihn die Wände und Hohlräume an die Zellen (Schlafräume) der Nonnen und Mönche im Kloster erinnerten.

1025 n. Chr.

1590er

1665

1735

## MEDIZINISCHES MEISTERWERK

*Der Kanon der Medizin* des persischen Gelehrten Ibn Sina (in Europa auch Avicenna genannt) ist eines der bedeutendsten medizinischen Lehrbücher aller Zeiten. Das Buch sammelte medizinisches Wissen aus der ganzen antiken und islamischen Welt. Noch Jahrhunderte nach Ibn Sinas Tod wurde es in der Medizin verwendet.

## EIN NEUES SYSTEM

Dem schwedischen Botaniker und Zoologen Carl von Linné gefiel nicht, wie chaotisch Pflanzen benannt wurden, und er entwickelte ein wissenschaftliches System zur Klassifizierung der Lebewesen. Er gruppierte alle Organismen in zwei Reiche (Tiere und Pflanzen) und unterteilte diese jeweils in Unterkategorien. Sein System bildet die Basis des Systems, das wir heute noch verwenden.

## BLUTGRUPPEN

Der österreichische Mediziner Karl Landsteiner fragte sich, warum manche Bluttransfusionen erfolgreich waren, andere aber tödlich endeten. Landsteiner entdeckte, dass es beim menschlichen Blut mindestens drei Hauptgruppen (A, B und 0) gibt. Ein Jahr später kam eine vierte (AB) hinzu. Damit eine Transfusion erfolgreich ist, muss die Blutgruppe der Person, die spendet, mit der Blutgruppe der Person, die das Blut empfängt, übereinstimmen. Diese Entdeckung rettete Millionen Leben.

Einige Menschen müssen ihre Nahrung mit Vitaminpillen ergänzen.

## VITAMINE

Als er die Krankheit Beriberi erforschte, erkannte der polnische Biochemiker Casimir Funk, dass diese und andere gefährliche Krankheiten (wie Skorbut) entstehen, weil in der Nahrung wichtige Stoffe fehlen, die der Körper braucht. Er nannte sie „vitale Amine", was später zu „Vitamine" verkürzt wurde.

1809 1839 1901 1912

## ZELLTHEORIE

Inzwischen hatte man mit immer besseren Mikroskopen Zellen in vielen biologischen Geweben gesehen. Die Deutschen Theodor Schwann und Matthias Schleiden brachten die Theorie vor, dass alle Lebewesen aus Zellen aufgebaut sind und dass Zellen die grundlegenden Bausteine des Lebens sind.

## EVOLUTION DER IDEEN

Der französische Biologe Jean-Baptiste Lamarck entwickelte vor Darwin eine Evolutionstheorie. Lamarck meinte, dass Organismen im Lauf des Lebens ihre Merkmale an die Umgebung anpassen und sie dann an ihre Nachkommen vererben. Heute wissen wir, dass Lamarcks Evolutionstheorie zu vereinfacht war und Lebewesen erworbene Merkmale nicht auf diese Weise vererben.

### WUSSTEST DU DAS?

**Das Wood Wide Web**

Bäume „sprechen" heimlich im Untergrund miteinander. Über ein Netzwerk von Pilzfasern kommunizieren sie miteinander, teilen Nährstoffe und tauschen Informationen über Gefahren wie Schädlingsbefall aus. Dieses „Holz-Internet" nennt man Wood Wide Web.

Lamarck meinte, dass Giraffen ihre Hälse immer weiter gestreckt haben, um hohe Blätter zu erreichen.

## SCHWÄNZELTANZ

Der österreichische Zoologe Karl von Frisch entdeckte, dass eine Honigbiene, die eine Nahrungsquelle entdeckt hat, im Stock einen Tanz für die anderen Bienen aufführt, der ihnen zeigt, wo die Nahrung ist. Der Tanz gibt die Richtung an sowie die Entfernung relativ zur Sonne. So sparen die anderen Bienen Energie und Zeit bei der Nahrungssuche. Die Wissenschaft versteht immer besser, wie Bienen und andere Tiere kommunizieren.

Der Schwänzeltanz der Honigbiene hat die Form einer Acht.

## DOLLY

Forschende klonten (erzeugten eine genetisch identische Kopie) ein Schaf aus Zellen eines erwachsenen Tiers. Die Klontechnik kann beitragen, einige Krankheiten zu heilen, und vielleicht eines Tages ausgestorbene Arten zurückbringen. Einige Menschen meinen, dass dies dem Lauf der Natur widerspreche.

1916 · 1967 · 1972 · 1996 · 2009

## ROBOTERHAND

Pierpaolo Petruzziello, der drei Jahre zuvor bei einem Autounfall einen Unterarm verloren hatte, konnte als erster Mensch eine Roboterhand nur mit seinen Gedanken steuern. Ein italienisches Chirurgenteam setzte Elektroden im Nervensystem seines Arms ein und verband sie mit der Hand. Petruzziello lernte, Berührungen zu spüren, die Finger zu bewegen und sogar etwas zu greifen.

## KAMPF GEGEN LEPRA

Im frühen 20. Jahrhundert hielt man Lepra, eine schmerzhafte und oft entstellende Infektionskrankheit, die von Bakterien verursacht wird, für fast unbehandelbar. Im Alter von nur 24 Jahren entwickelte die afroamerikanische Chemikerin Alice Ball eine wirksame Behandlungsmethode, die lange angewandt wurde, bis Antibiotika in den 1940er-Jahren Lepra heilen konnten. Leider starb Ball kurz nach ihrer Entdeckung und erhielt zu Lebenszeiten nie die Anerkennung, die sie verdiente.

## BEHANDLUNG VON MALARIA

Während des Vietnamkriegs wurde die chinesische Chemikerin Tu Youyou beauftragt, ein Mittel gegen Malaria zu finden, an der viele aus der Armee des mit China verbündeten Nordvietnams starben. Ihr Team testete Tausende Heilmittel der traditionellen chinesischen Medizin und fand ein wirksames, das aus Einjährigem Beifuß (einer Heilpflanze) gemacht wurde. Der Wirkstoff Artemisin, den sie entdeckt hatte, rettete unzählige Leben.

## WOZU

# PHYSIK?

Ohne das Wissen der Physik wären viele Dinge, die für uns heute selbstverständlich sind, nicht möglich. Es gäbe keine Flugzeuge oder Smartphones – tatsächlich könnten wir nicht einmal Elektrizität nutzen! Die Physik beschäftigt sich mit grundlegenden Fragen wie etwa: Warum fallen Dinge nach unten und nicht nach oben und wie funktionieren Licht und Schall? Viele vermuten auch, Physik könnte eines Tages das größte Rätsel des Universums lösen: Warum existiert überhaupt irgendetwas?

# WOZU BRAUCHEN WIR PHYSIK?

Willst du wissen, wie die Welt funktioniert? Physik ist ein guter Anfang! Die Physik ist das Herzstück des Wissens – sie ist die älteste Wissenschaft und diejenige, auf der alle anderen aufbauen. Die frühen Physiker und Physikerinnen waren Menschen, die einfach wissen wollten, warum das Universum so ist, wie es ist – und sie suchten nach Wegen, es zu verstehen. Diese Neugier ist immer noch der größte Antrieb der Physik und führt zu enormen Entdeckungen in den verschiedensten Bereichen.

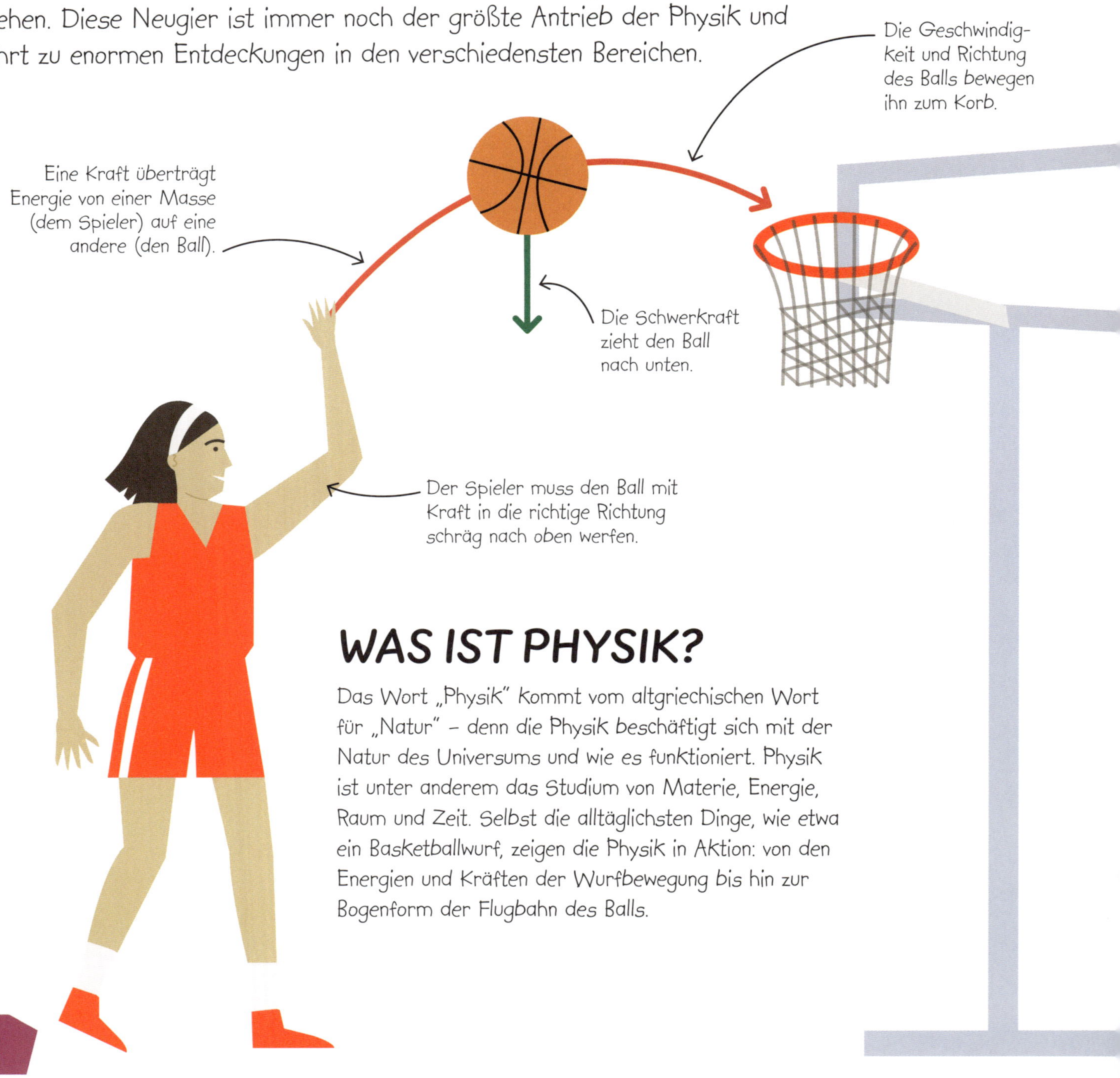


## WAS IST PHYSIK?

Das Wort „Physik" kommt vom altgriechischen Wort für „Natur" – denn die Physik beschäftigt sich mit der Natur des Universums und wie es funktioniert. Physik ist unter anderem das Studium von Materie, Energie, Raum und Zeit. Selbst die alltäglichsten Dinge, wie etwa ein Basketballwurf, zeigen die Physik in Aktion: von den Energien und Kräften der Wurfbewegung bis hin zur Bogenform der Flugbahn des Balls.

# WAS HAT ES MIT ATOMEN AUF SICH?

Alles, was wir im Universum sehen können, von der winzigsten Ameise bis zu explodierenden Sternen, besteht aus Atomen. Sie sind die Bausteine der Materie. Das Wort „Atom" kommt aus dem Altgriechischen und bedeutet „Unteilbar", weil man im antiken Griechenland glaubte, man könnte Atome nicht weiter teilen. Heute wissen wir, dass Atome aus noch kleineren Stücken bestehen, die wir subatomare Teilchen nennen: Protonen und Neutronen im Zentrum (dem Atomkern) und Elektronen in der Hülle darum herum.

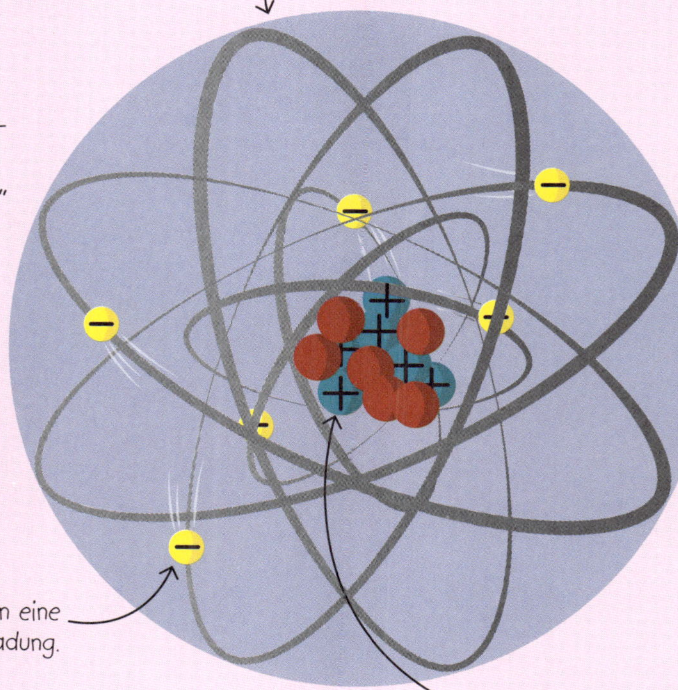


# PHYSIK IM ALLTAG

Physik spielt bei fast allen Alltagsobjekten eine Rolle – es ist schwierig, etwas zu finden, das nicht irgendwie damit zu tun hat. Viele Geräte werden von Elektrizität angetrieben und es waren schlaue Physikerinnen und Physiker, die sie erstmals zu nutzen wussten. Computer, Fernseher und Radios empfangen Signale als unsichtbare elektromagnetische Wellen, ebenfalls ein wichtiges Gebiet der Physik.

Maschinen wie Bagger wandeln mit den Gesetzen der Physik kleine Kräfte in große Kräfte um.

Das Internet beruht auf Satelliten, die mithilfe der Physik in Erdumlaufbahnen geschickt wurden.

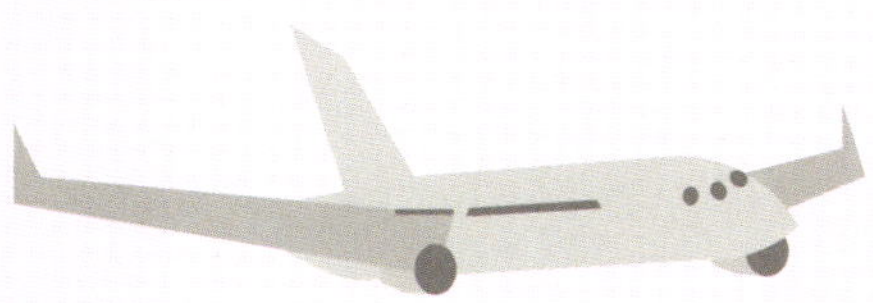

Flugzeuge nutzen die Gesetze der Physik, um zu starten, in der Luft zu bleiben und sicher zu landen.

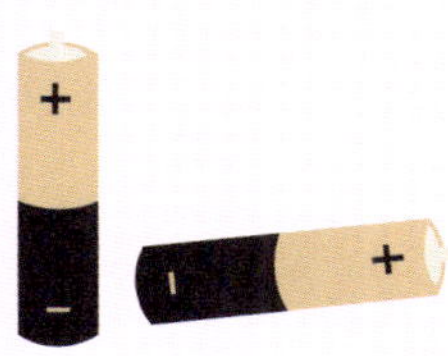

Batterien speichern elektrische Energie für alles, was einen Stromkreis benötigt, etwa Handy, Computermaus.

Fernseher funktionieren dank unseres Wissens über Licht, Wellen und Farben aus der Physik.

# ENERGIE FÜR DIE WELT

Elektrizität ist seit Jahrtausenden bekannt. Im Griechenland der Antike experimentierte man mit statischer Elektrizität und bemerkte, dass sich Bernstein auflädt, wenn man ihn an Fell reibt. Aber erst Jahrhunderte später verstanden Forschende, dass Elektrizität durch Drähte fließen und Leistung übertragen kann. Das revolutionierte die Energieversorgung und veränderte die ganze Welt.

**1** Die Menschen in Ägypten kannten schon in der Antike Elektrizität, weil sie im Nil Zitterwelse fingen. Die elektrischen Schläge des Fisches nutzten sie zur Behandlung von Arthritis.

**2** Mitte des 18. Jahrhunderts wusste man schon mehr über Elektrizität. Der US-amerikanische Erfinder Benjamin Franklin nutzte sie sogar, um einen Truthahn zu töten und zu braten.

## Das steckt dahinter

### GEWALTIGE FUNKEN

Franklins Experiment zeigte, dass Blitze und Elektrizität miteinander zu tun hatten. Er überlegte, dass Elektrizität von einem Gebiet positiver Ladung zu einem Gebiet negativer Ladung fließen könnte – fast wie eine Flüssigkeit. Heute wissen wir, dass es gerade umgekehrt ist: Der Strom der Elektronen fließt vom negativen zum positiven Gebiet.

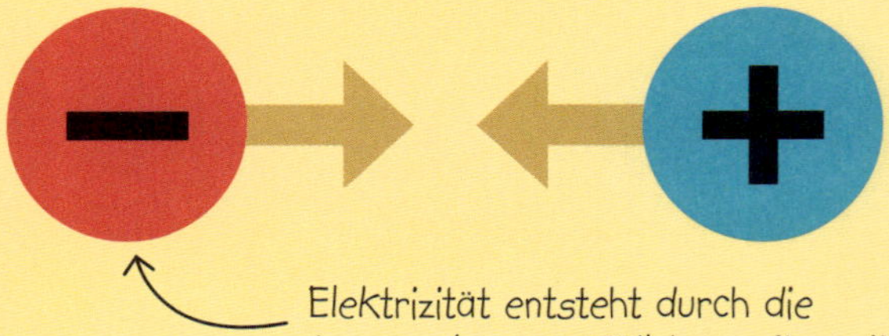

Elektrizität entsteht durch die Ansammlung von Teilchen mit positiver und negativer Ladung. Entgegengesetzte Ladungen ziehen sich an.

**3** Franklin hatte die Theorie, dass Blitze im Gewitter tatsächlich eine Form der Elektrizität sind. Er dachte sich ein Experiment aus, um diese Theorie zu testen.

**4** An einem gewittrigen Tag ließ er einen Drachen fliegen, an dessen Schnur er unten einen Schlüssel gebunden hatte. Als er den Schlüssel berührte, entstand ein Funke. Seine Theorie stimmte also.

**Gewitter**

An der Unterseite der Gewitterwolke baut sich eine negative Ladung auf und eine positive an der Oberseite. Sie ziehen sich an, sodass ein enormer Funke entsteht. Der Blitz ist dieser Funke, der die Ladungen ausgleicht.

**Blitzableiter**

Über Franklins Drachen floss ein Teil dieser Ladung zum Boden ab. Er hatte aber viel Glück, dass kein Blitz den Drachen traf: Das hätte ihn sofort getötet.

# ELEKTRIZITÄT SPEICHERN

Zwar prägte Franklin den Begriff „Batterie", aber der Italiener Alessandro Volta erfand um 1800 die erste funktionierende Batterie. Die Voltasche Säule nutzte eine chemische Reaktion zur Erzeugung einer elektrischen Spannung. Sie war die erste Batterie, die einen Stromkreis kontinuierlich mit Strom versorgen konnte.

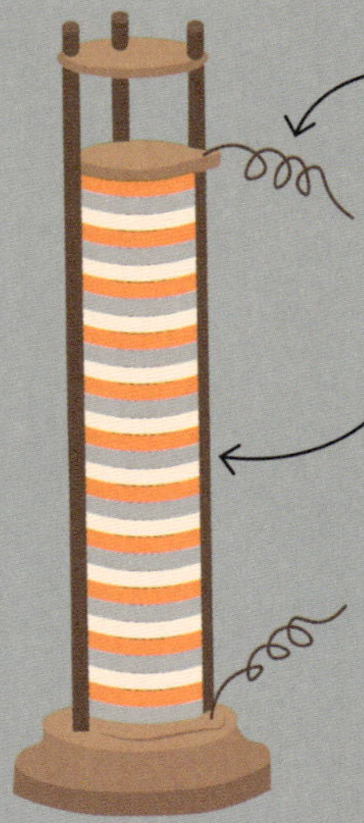


**WUSSTEST DU DAS?**

***Elektros***

Das Wort „Elektrizität" kommt vom altgriechischen Wort *elektros*, das „Bernstein" bedeutet. Denn Gelehrte der griechischen Antike entdeckten statische Elektrizität, als sie Bernstein an Federn oder Fellen rieben.

# STROMVERSORGUNG

Enorme Mengen Elektrizität werden jeden Tag in Kraftwerken erzeugt und durch ein Kabelnetz weit verteilt. Beim Einspeisen des Stroms vom Kraftwerk ins Netz wird durch Transformatoren (Trafos) die Spannung erhöht („hochtransformiert"), um Energieverluste zu verringern. Später wird sie wieder heruntertransformiert, damit sie im Haushalt sicherer ist.

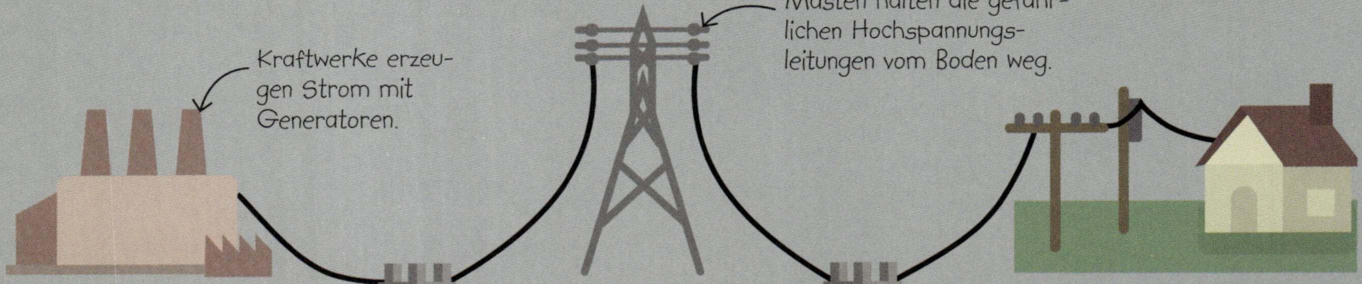


**INTERESSANT!**

**Wunderbare Windkraft**

Der Großteil der Elektrizität in der Welt wird durch das Verbrennen fossiler Brennstoffe wie Kohle erzeugt, aber viele Länder steigen jetzt auf umweltfreundliche Quellen wie Wind und Sonne um.

# ELEKTRIZITÄT IM HAUS

Frühe Forscher wie Franklin fanden noch keine praktischen Anwendungen für die Elektrizität, später aber veränderte sie letztlich die ganze Welt. Von Toastern und Wasserkochern hin zu Kühlschränken und Telefonen werden die meisten Geräte im Alltag elektrisch angetrieben. Man kann sich eine Welt ohne Elektrizität kaum vorstellen.

## DU BIST DRAN!

### STATISCHE ELEKTRIZITÄT

Wenn du einen Luftballon an einem Pullover (oder deinen Haaren) reibst, nimmt der Gummi Teilchen auf und wird negativ geladen. Dann kannst du versuchen, mit dem geladenen Ballon ein Stück Papier aufzuheben oder eine leere Getränkedose über den Tisch rollen zu lassen.

Ein geladener Ballon haftet fast magisch an einer Wand! Denn die negative Ladung des Ballons stößt negative Teilchen in der Wand ab und treibt sie ins Wandinnere, sodass die Wandoberfläche positiv wird.

Während sich ungleichnamige Ladungen anziehen, stoßen sich gleichnamige Ladungen ab. Wenn du zwei negativ geladene Ballons nebeneinander hängst, stoßen sich ihre beiden Ladungen ab.

**1** Wilhelm Conrad Röntgen experimentierte mit einer Kathodenstrahlröhre – einer Glasröhre, die einen Strahl von Elektronen (den „Kathodenstrahl") erzeugt, wenn ein elektrischer Strom fließt. Röntgen wollte den Strahl zeitweise stoppen und umgab die Röhre mit Pappe, durch die Kathodenstrahlen nicht hindurchgehen.

**2** Als er den Strom anschaltete, leuchtete ein Fluoreszenzschirm im Labor auf. Fluoreszenz ist eine Eigenschaft mancher Materialien, zu leuchten, wenn sie Strahlung ausgesetzt sind. Seine Röhre musste also unsichtbare Strahlen abgeben. Er wusste nicht, was sie waren, und nannte sie erst einmal X-Strahlen.

# RÖNTGEN-STRAHLEN

Röntgenstrahlen wurden 1895 zufällig von dem deutschen Physiker Wilhelm Röntgen entdeckt. Heute werden sie vielfach in Krankenhäusern und bei Zahnbehandlungen eingesetzt. Wie Radiowellen und Licht sind Röntgenstrahlen eine Form von Energie, die man elektromagnetische Strahlung nennt. Röntgenstrahlen haben mehr Energie als die meisten anderen Formen elektromagnetischer Strahlung, sodass sie tiefer in Substanzen eindringen, durch die das sichtbare Licht nicht hindurchscheint – auch in den menschlichen Körper. Daher kann man mit Röntgenstrahlen die Knochen im Körper ansehen.

**3** Röntgen fand, dass die Strahlen Papier, Bücher und sogar dünne Metallfolien durchdringen. Er richtete sie durch die Hand seiner Frau Bertha auf Fotoplatten und erhielt ein Schattenbild der Knochen. „Ich habe meinen Tod gesehen", soll Bertha gesagt haben. Es war das erste Röntgenbild des menschlichen Körpers.

# SO MACHT MAN RÖNTGENBILDER

Röntgenbilder funktionieren anders als Fotos. Ein Foto entsteht durch Licht, das von Objekten reflektiert wird, aber Röntgenbilder nutzen elektromagnetische Strahlen, die durch das Objekt hindurchgehen. Helle Stellen im Röntgenbild sind Schatten, die von dichterem Material wie Knochen geworfen werden, das die Strahlung stark absorbiert (abschwächt). Weichgewebe wie Lungen oder Haut absorbieren die Strahlen nur schwach und erscheinen grau. Dunkle Stellen zeigen, wo die Strahlen glatt hindurchgegangen sind. Daher sind gebrochene Knochen auf Röntgenbildern gut zu sehen.

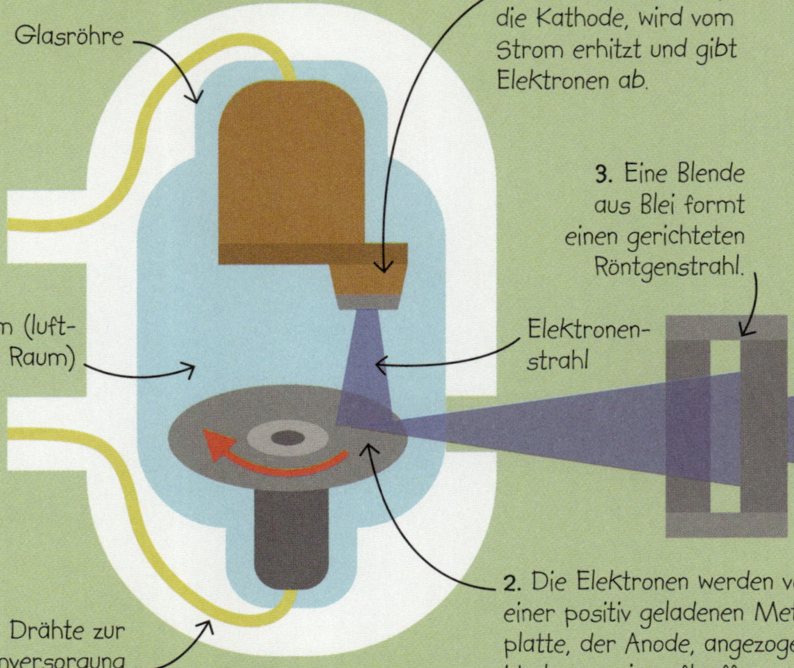


**Röntgengerät**

# WOZU BRAUCHT MAN RÖNTGENSTRAHLEN?

Röntgenstrahlen helfen bei der Untersuchung von Knochen und Zähnen, aber auch bei der Terrorbekämpfung oder der Strukturaufklärung von Molekülen. Mit Röntgenstrahlen verstanden Forschende die Form der DNA, des Moleküls, das unsere Gene trägt.

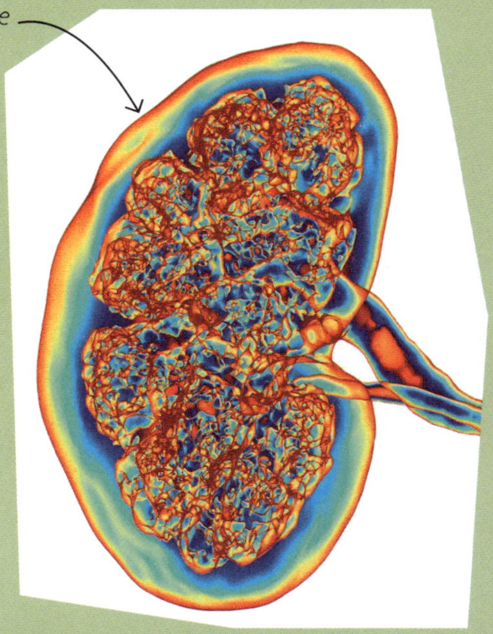


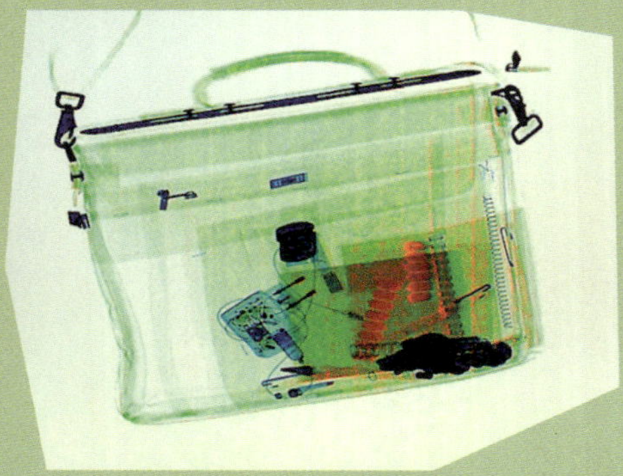

**Sicherheitskontrolle**
Mit Röntgengeräten wird an Flughäfen das Gepäck von Reisenden durchleuchtet, um festzustellen, ob sie etwas Gefährliches oder Verbotenes bei sich haben.

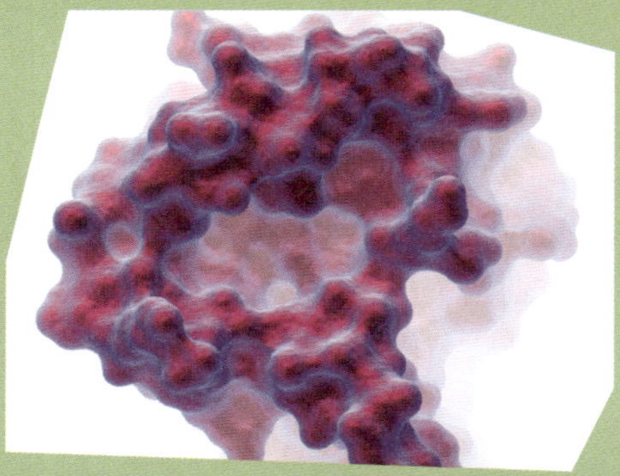

**Struktur von Molekülen**
Röntgenstrahlen streuen an Kristallen und einigen anderen Feststoffen in charakteristischen Mustern, aus denen man den molekularen Aufbau des Kristalls rekonstruieren kann.

**Computertomografie (CT)**
Computertomografen sind medizinische Scanner, die viele Röntgenaufnahmen aus verschiedenen Richtungen zu einem genauen dreidimensionalen Bild des Körperinneren kombinieren.

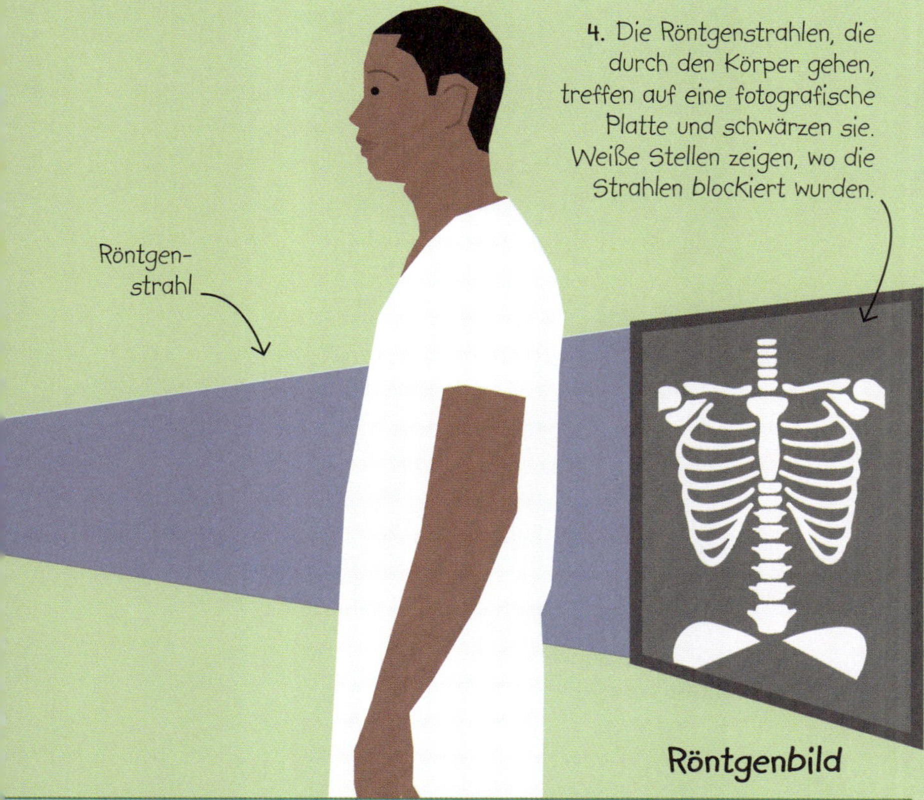


## INTERESSANT!

**Röntgenstrahlen im Weltraum**
Sterne und Galaxien geben nicht nur sichtbares Licht ab, sondern auch Röntgenstrahlen. In der Astronomie werden mit Röntgenteleskopen Objekte studiert, die man im sichtbaren Licht kaum sieht, etwa Schwarze Löcher oder Überreste von Sternexplosionen.

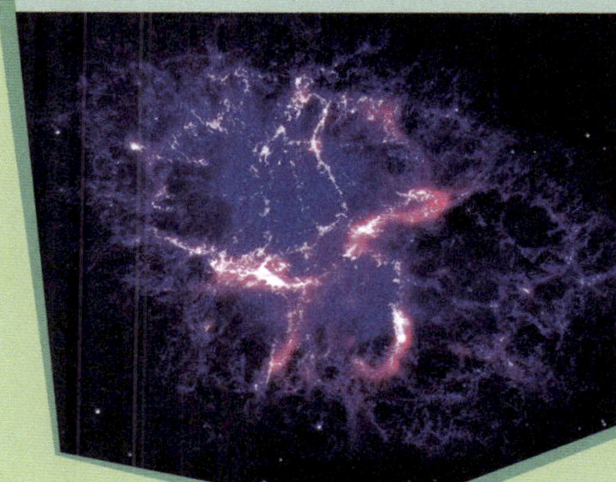

# DU BIST DRAN!

## SCHATTENSPIELE

Röntgenstrahlen ähneln sichtbarem Licht, aber sie durchdringen Objekte leichter, da sie mehr Energie haben. Um zu sehen, wie das funktioniert, brauchst du eine Taschenlampe und einen dunklen Raum.

Schalte die Lampe an und stell dich in den Strahl. Dein Körper absorbiert und reflektiert alle Lichtenergie: Du wirfst einen Schatten. So erzeugen Röntgenstrahlen Bilder von dichten Stoffen wie Knochen.

Dann halte deine Hand in den Strahl. Die Hand absorbiert den Großteil der Energie, aber etwas geht hindurch und deine Haut scheint zu leuchten. Röntgenstrahlen haben mehr Energie als Licht und gehen durch Weichgewebe viel einfacher hindurch.

**1** Schiffe konnten früher Eisberge nur vermeiden, wenn jemand Ausschau hielt, was nachts sehr schwierig war. Am 14. April 1912 rammte die *Titanic* kurz vor Mitternacht einen Eisberg und sank. Über 1500 Menschen starben.

# U-BOOTE FINDEN

Nachdem die *Titanic* 1912 mit einem Eisberg kollidiert und gesunken war, suchte man nach Wegen, verborgene Hindernisse unter Wasser aufzuspüren. Zwei Jahre später begann der Erste Weltkrieg und eine neue Gefahr machte das Problem noch dringlicher: der U-Boot-Krieg. Die Natur lieferte die geniale Lösung, mit Schall statt Licht zu „sehen". Dieses System nennt man Sonar.

**2** Im Jahr 1914 begannen deutsche U-Boote, Handelsschiffe der Alliierten (Großbritannien, Frankreich, USA und andere) auf dem Atlantik anzugreifen, was Seereisen noch gefährlicher machte.

## Das steckt dahinter

## SEHEN MIT SCHALL

Fledermäuse und Delfine nutzen eine natürliche Form des Sonars, die man Echolokation nennt, um Beute in der Dunkelheit oder im trüben Wasser zu jagen. Dazu stoßen sie eine Reihe von Klicks aus und hören auf das Echo. Daraus berechnet ihr Gehirn eine Art Bild der Umgebung.

**3** Zu Beginn des Zweiten Weltkriegs 1939 hatten kluge Köpfe der Alliierten eine Lösung gefunden. Sie rüsteten Kriegsschiffe mit Geräten aus, die hochfrequente Töne ins Wasser abgaben. Der Schall wurde an U-Booten reflektiert und das Echo vom Empfänger registriert.

**4** Ein Gerät an Bord zeigte mithilfe der Schallinformation den Ort des U-Boots an. Dann konnte die Besatzung berechnen, wo sie Wasserbomben abwerfen mussten – Bomben, die langsam absinken und in einer bestimmten Tiefe explodieren. Nun hatten die Alliierten die Möglichkeit, deutsche U-Boote zu bekämpfen.

Fledermäuse können auch die Geschwindigkeit und Richtung der Bewegung der Beute „sehen", weil ein bewegtes Ziel die Wellenlänge des reflektierten Schalls verändert. Das Sonar an Bord von Kriegsschiffen nutzt das gleiche Prinzip, um den Ort, die Geschwindigkeit und die Bewegungsrichtung des Zielobjekts zu bestimmen.

# UNTERWASSERGEBIRGE

Wenn man das Sonar vom Schiff direkt nach unten richtet, kann man die Tiefe des Meeresbodens messen. Damit machte die US-Amerikanerin Marie Tharp in den 1950er-Jahren eine erstaunliche Entdeckung: eine verborgene Gebirgskette, die sich durch alle Ozeane der Erde zieht. Diese Entdeckung trug dazu bei, eine wichtige Theorie zu bestätigen: dass die Erdkruste in ein Puzzle aus sich bewegenden Platten zerbrochen ist, wobei Gebirge an den Grenzen zwischen großen Platten entstehen.

# SONAR UND TIERE

Heute nutzen Fischerboote Sonar, um zu entscheiden, wo sie die Netze auswerfen. Die Wissenschaft ihrerseits beobachtet mit Sonar Fischschwärme um festzustellen, ob Fischpopulationen durch Überfischung bedroht sind. Aber Sonar kann für Meerestiere wie Wale und Delfine schädlich sein, weil die Töne ihre eigene Echolokation stören.

# RADAR

Sonar funktioniert gut unter Wasser. Ein anderes System ist das Radar. Es funktioniert nach dem gleichen Prinzip, ist aber besser geeignet, um Objekte über dem Boden zu erkennen. Radar nutzt dazu Radiowellen, die sich mit Lichtgeschwindigkeit ausbreiten und viel weiter laufen als Schallwellen. Die Flugsicherung am Flughafen verfolgt mit Radar Start und Landung jedes einzelnen Flugzeugs, um Zusammenstöße zu verhindern.

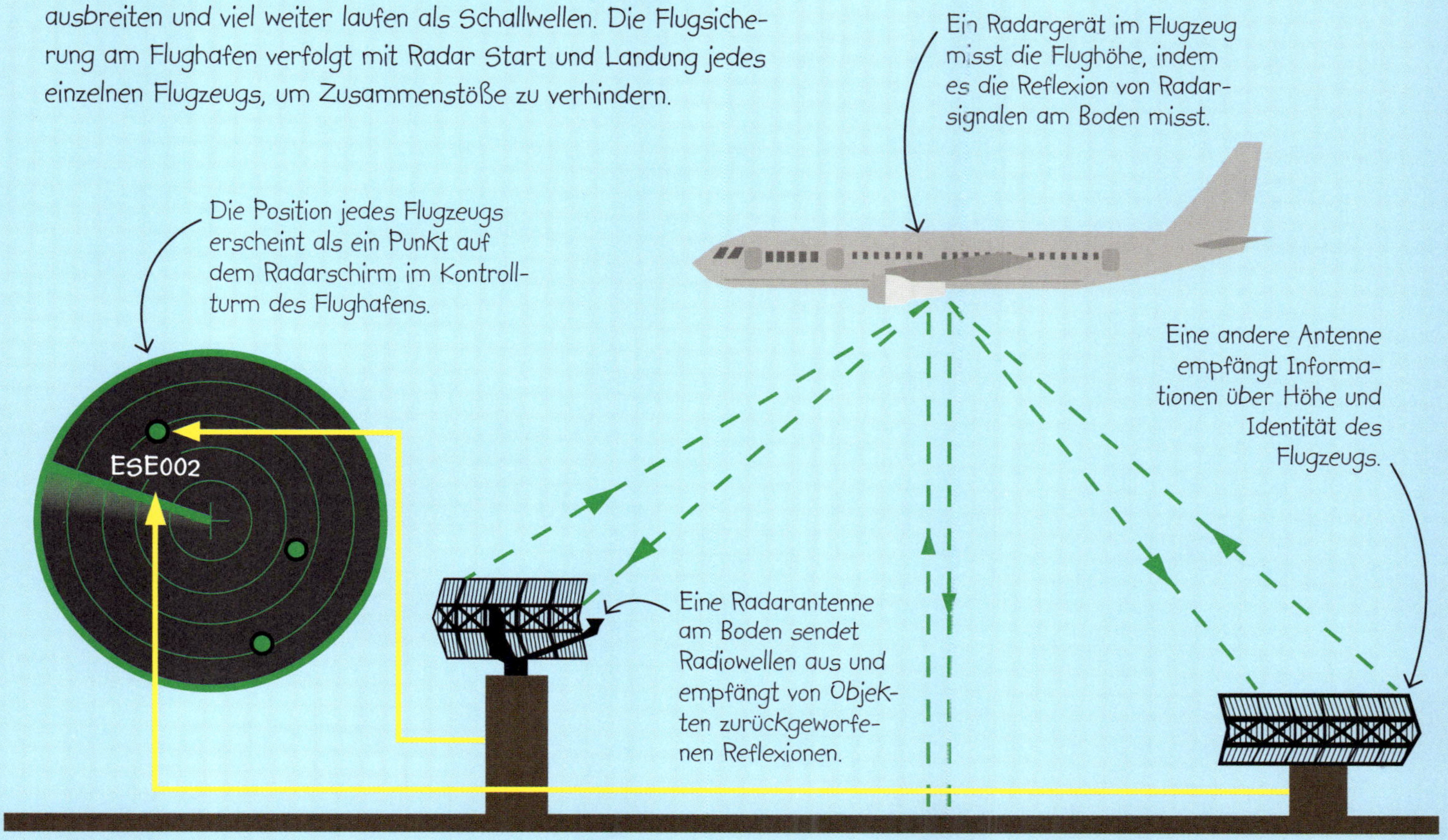


**INTERESSANT!**

### Ultraschallbilder

Eine Ultraschallaufnahme (Sonografie) bildet das Innere des menschlichen Körpers mithilfe von Echos ab. So können Ärztin oder Arzt sehen, ob sich ein Baby im Bauch der Mutter normal entwickelt und ein Mädchen oder Junge wird. Das Gerät nutzt hochfrequenten Schall („Ultraschall"): Töne, die so hoch sind, dass wir sie nicht hören können.

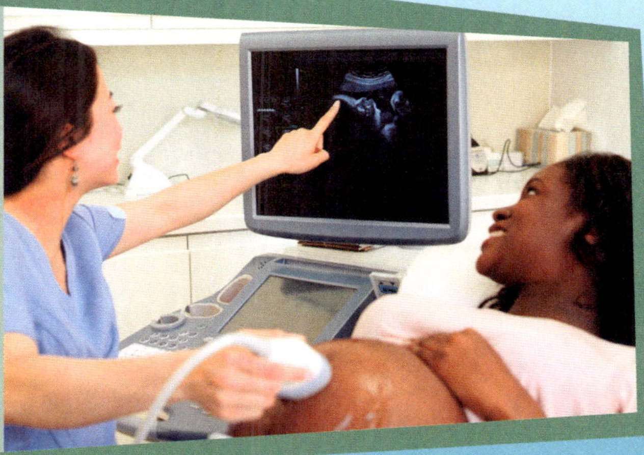

# FAMOS IN PHYSIK

Seit Urzeiten haben Menschen die Prinzipien der Physik im alltäglichen Leben angewandt, von der Schwerkraft bis zu einfachen Maschinen. Brillant denkende Köpfe haben uns zu einem besseren Verständnis der Phänomene geführt – etwa Energie und Bewegung, Schall und Licht. Heute verschieben sich die Grenzen der Physik immer weiter und die Wissenschaft beschäftigt sich mit den verwirrendsten Fragen über Raum und Zeit.

**um 2000 v. Chr.**

## FRÜHE HEBEL

Hebel sind einfache Geräte oder Apparate, die nach physikalischen Prinzipien das Heben erleichtern. Die Mesopotamier und Ägypter nutzten schon im Altertum einen sogenannten *Schaduff* für die Feldbewässerung, um Wasser aus einem Fluss oder Kanal zu schöpfen. Dieses Schöpfgerät wird in einigen ländlichen Gebieten heute noch verwendet.

**4. Jh. v. Chr.**

## ANTIKE ATOME

Antike Denker erdachten Theorien, die heute noch unser Verständnis von Atomen beeinflussen. Der indische Philosoph Kanada meinte, alle Dinge bestünden aus unzerstörbaren Teilchen in verschiedenen Kombinationen. Der griechische Philosoph Demokrit hatte ähnliche Ideen über eine unendliche Menge unteilbarer Teilchen, die er *atomos* (griechisch für „unteilbar") nannte.

**um 200 v. Chr.**

## DER ERSTE KOMPASS

Im alten China wurde eine Art Kompass mit einem Magnetstein (einem Eisenerz, das von Natur aus magnetisch ist) in Form eines Löffels entwickelt, der auf einer Bronzeplatte lag. Wenn man die Platte bewegte, drehte sich der Magnetstein so, dass der Löffelgriff immer nach Süden zeigte.

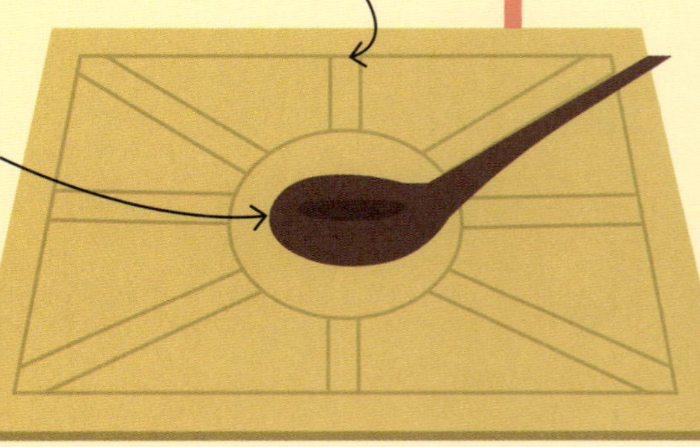

## WIE SEHEN FUNKTIONIERT

Der arabische Gelehrte Abu Ali al-Hasan ibn al-Haitham, in Europa Alhazen genannt, veränderte unser Verständnis von Licht und Sehen grundlegend. Seit der Antike hatte man geglaubt, das Auge sende „Sehstrahlen" aus, die die Umgebung „abtasten". Alhazen erkannte aber, dass Lichtstrahlen vom Objekt ins Auge reflektiert werden, wo ein Abbild entsteht. Er erklärte auch Schatten, Sonnen- und Mondfinsternisse und Regenbögen.

## WUSSTEST DU DAS?

**Die Wissenschaftliche Revolution**
In Europa dominierten die Vorstellungen aus der griechischen Antike lange, wie man über die Welt dachte. Ab den 1540er-Jahren hinterfragten Gelehrte aber diese alten Ideen und entwickelten neue Methoden, die Welt mit Beobachtungen und Experimenten zu erforschen. Heute nennen wir diese Periode die „Wissenschaftliche Revolution".

1021 n. Chr. 1589 1670er

## FALLENDE OBJEKTE

Galileo Galilei, ein italienischer Astronom und Mathematiker, testete als einer der ersten Wissenschaftler Theorien durch Experimente. In der Antike hatte Aristoteles argumentiert, dass schwere Gegenstände schneller fallen als leichte, wenn man sie aus großer Höhe fallen lässt. Galileo bezweifelte das und führte ein Experiment durch, bei dem er Kanonenkugeln verschiedener Masse von dem berühmten Schiefen Turm in Pisa fallen ließ. Damit bewies er, dass die Schwerkraft alle Körper gleich stark beschleunigt, unabhängig von ihrer Masse.

In Galileis Experiment erreichten beide Kanonenkugeln gleichzeitig den Boden.

## NEWTONS APFEL

Als er im Garten seiner Großmutter einen Apfel fallen sah, fragte sich Isaac Newton, warum er immer nach unten fällt und nicht nach oben oder zur Seite. Sein Interesse führte zu einem tieferen Verständnis der Schwerkraft, mit dem er auch die Bahnen von Planeten und Monden erklären konnte.

## LICHTWELLEN

Lange Zeit wurde in der Physik über zwei konkurrierende Theorien des Lichts gestritten. Der Engländer Isaac Newton meinte, Licht sei ein Strom winziger Teilchen. Der Niederländer Christiaan Huygens meinte dagegen, dass sich Licht wie Wellen ausbreitet, so wie Rippel auf der Wasseroberfläche. Tatsächlich hatten beide recht: Heute wissen wir, dass es sich sowohl wie Teilchen als auch Wellen verhält.

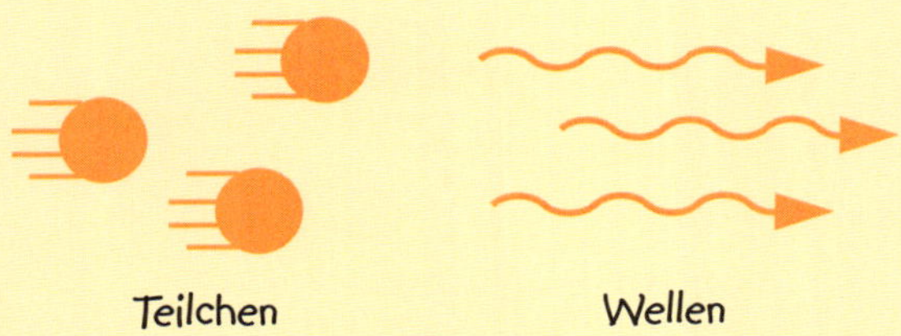


## RELATIVITÄTSTHEORIE

Albert Einstein veränderte unser Verständnis des Universums grundlegend. Seine berühmte Gleichung $E=mc^2$ zeigt, dass Materie (m) in Energie (E) umgewandelt werden kann und umgekehrt. Später zeigte er, dass Licht, Raum und Zeit von der Schwerkraft beeinflusst werden. Das ermöglichte anderen, mysteriöse Dinge wie Schwarze Löcher und den Urknall zu verstehen.

1687

1831

1905–1917

### WUSSTEST DU DAS?

**Die Lichtgeschwindigkeit**
Nach dem Studium der Verfinsterungen des Jupitermonds Io (wenn der Mond in den Schatten des Planeten eintritt) im Jahr 1676 revolutionierte der dänische Astronom Ole Rømer jahrhundertealte Vorstellungen und zeigte, dass die Lichtgeschwindigkeit endlich und messbar ist. Doch erst 300 Jahre später konnte sich die Wissenschaft auf einen genauen Messwert einigen, nämlich fast 300 000 Kilometer pro Sekunde.

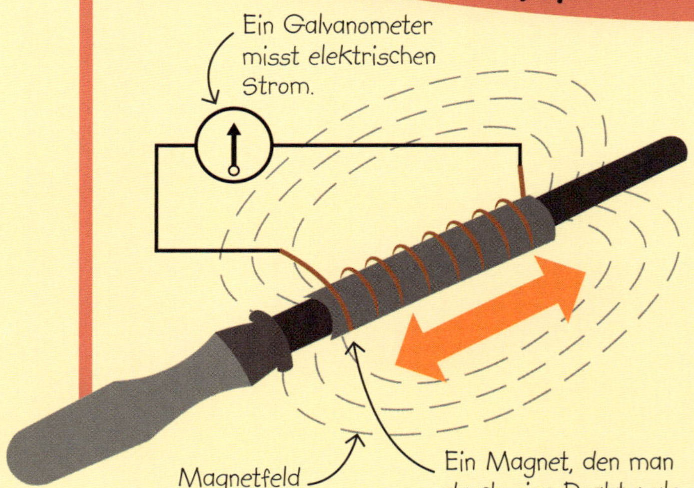


## ELEKTROMAGNETISMUS

Der Engländer Michael Faraday fand eine wichtige Verbindung zwischen Elektrizität und Magneten: Schiebt man einen Magneten durch ein Rohr, um das ein Metalldraht gewickelt ist, entsteht in dem Draht ein elektrischer Strom. Faraday hatte den ersten elektrischen Generator erfunden. Heute kommt der nach diesem Prinzip in Kraftwerken erzeugte Strom in unseren Haushalten aus der Steckdose.

## KERNSPALTUNG

Nach Experimenten mit dem Element Uran erkannten Lise Meitner und Otto Frisch, dass es möglich ist, Atomkerne in kleinere Kerne zu spalten, wobei viel Energie frei wird. Diese Kernspaltungsreaktion wurde weiter erforscht und führte zur Entwicklung von Kernkraftwerken, aber auch zur Atombombe.

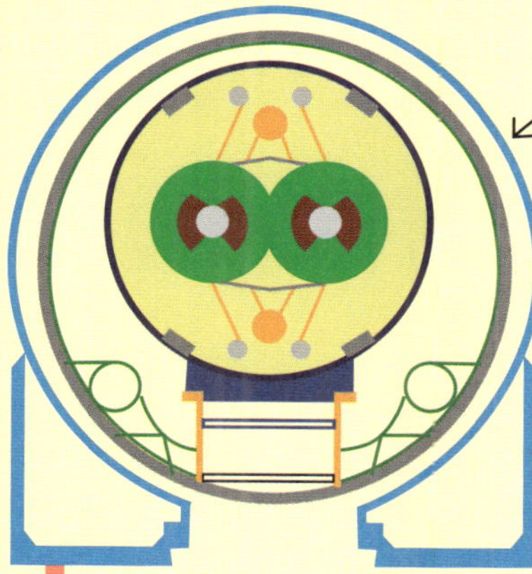

Der LHC ist ein 27 km langer kreisförmiger Tunnel.

## THEORIE VON ALLEM

Die Wissenschaft will die Verhältnisse beim Urknall reproduzieren (einer enormen Explosion, mit der das Universum wohl entstand). Dazu baute man die größte Maschine der Welt im schweizerischen Genf, den *Large Hadron Collider* (LHC), in dem winzige Teilchen, die Hadronen, mit fast Lichtgeschwindigkeit aufeinander geschossen werden. Man hofft, dass dies irgendwann zu Erklärungen führt, wie alle Bereiche der Physik des Universums zusammenhängen – eine Theorie von Allem.

1911 1938 2008 2019

## ATOMKERNE

Seit der Antike hielt man Atome für die kleinsten Einheiten der Materie, die nicht weiter geteilt werden könnten. Dann fanden der Neuseeländer Ernest Rutherford und sein Team heraus, dass sich in den Atomen noch kleinere geladene Teilchen befanden: negativ geladene Elektronen um einen winzigen positiven Kern. Spätere Forschungen zeigten, dass der Kern selbst aus noch kleineren Teilchen besteht, die von unglaublich starken Kräften zusammengehalten werden.

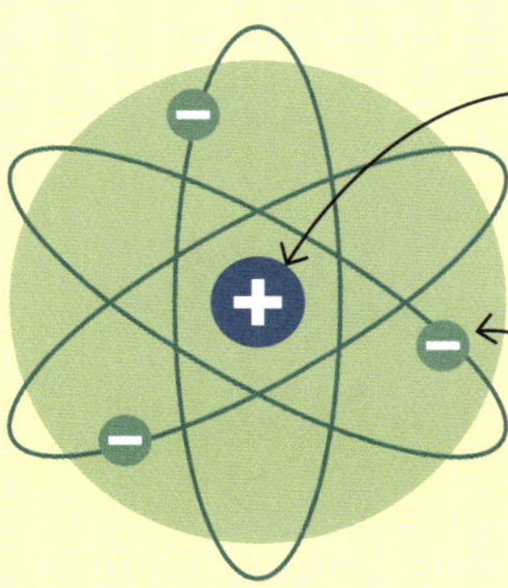

Rutherford entdeckte den Atomkern im Zentrum des Atoms.

Elektronenbahnen formen eine Hülle um den Kern.

**Rutherfordsches Atommodell**

## SCHWARZE LÖCHER

Aus den Relativitätstheorien Einsteins hatte die Wissenschaft die Existenz Schwarzer Löcher abgeleitet – Regionen im Weltraum, in denen die Schwerkraft so stark ist, dass nichts, nicht einmal Licht, entkommen kann. Die US-Computerwissenschaftlerin Katie Bouman schrieb ein Programm, das es erstmals ermöglichte, ein Bild eines Schwarzen Lochs aufzunehmen.

# WOZU
# CHEMIE?

Die Chemie beschäftigt sich mit dem Aufbau aller Dinge und damit, wie die Atome auf verschiedene Weise kombiniert werden können, um neue Substanzen zu bilden. Das Verständnis solcher Reakticnen hat modernen Chemikern und Chemikerinnen ermöglicht, unser Leben in verschiedenen Bereichen zu verbessern: von Medikamenten, die uns gesund machen, bis zur Erhöhung der landwirtschaftlichen Produktion, sodass wir alle genug zu essen haben.

# WOZU BRAUCHEN WIR CHEMIE?

Atome, Reaktionen und Zustandsänderungen sind der Kern der Chemie. Die Chemie erforscht, woraus verschiedene Stoffe bestehen und wie sie sich unter verschiedenen Bedingungen verhalten – was passiert z. B., wenn man sie mischt oder trennt? Wenn man sie erhitzt oder abkühlt? Chemie ist für das Alltagsleben unglaublich wichtig. Mit dem Wissen der Chemie entwickeln wir Treibstoffe für Autos und Flugzeuge und verbessern Lebensmittel, damit sie besser schmecken und länger halten.

## WAS IST CHEMIE?

Chemie ist das Studium der Eigenschaften und der Zusammensetzung von Materie. Alles enthält Atome, aber die Weise, wie sie kombiniert sind, bestimmt, wie sich eine Substanz verhält. In gewisser Hinsicht ist Chemie fast wie Kochen – das Mischen, Erhitzen und Kühlen verschiedener Zutaten ergibt verschiedene Gerichte, und einige Zutaten wie Wasser verwendet man in verschiedenen Formen: als Feststoff, Flüssigkeit oder Gas.

**INTERESSANT!**

**Lichter am Himmel**
Plasma ist ein Gas aus elektrisch geladenen Teilchen. Wenn Plasma von der Sonne auf die obere Erdatmosphäre trifft, kommt es zu faszinierenden farbigen Leuchterscheinungen, dem Polarlicht.

# CHEMIE IM ALLTAG

Die Chemie hat zur Entwicklung vieler wichtiger Stoffe geführt, die in unserem Alltagsleben nützlich sind, aber wir können mit ihr auch besser verstehen, wie Lebewesen funktionieren. Tatsächlich sind es die chemischen Reaktionen im Körper, von der Verdauung bis zur Energieversorgung der Muskeln, die uns lebendig machen!

Das Wissen darüber, was passiert, wenn man chemische Stoffe zusammenbringt, ermöglicht es, wirksame neue Medikamente zu entwickeln.

Die Chemie untersucht die Merkmale verschiedener Materialien, etwa ihre Härte. Diamant ist die härteste natürliche Substanz auf der Erde.

Der erste Kunststoff („Plastik") wurde vor über einem Jahrhundert erfunden. Plastik wird heute meist aus Erdöl hergestellt.

Mit Helium befüllte Luftballons schweben nach oben, weil Helium viel leichter ist als Stickstoff und Sauerstoff, den Hauptgasen der Luft.

Feuer ist eine chemische Reaktion, das Löschen stoppt diese. Löschwasser verdampft und der Dampf nimmt Wärme auf und entfernt sie.

# WAS HAT ES MIT DEN ELEMENTEN AUF SICH?

Elemente sind reine Stoffe, die aus nur einer Sorte von Atomen bestehen. Es gibt 118 Elemente, jeweils mit einzigartigen Merkmalen. Wenn sich mehrere Atome aneinanderbinden, ob vom gleichen Element oder verschiedenen Elementen, entsteht ein Molekül.

Ein Wassermolekül ($H_2O$) besteht aus zwei Wasserstoffatomen (H) und einem Sauerstoffatom (O).

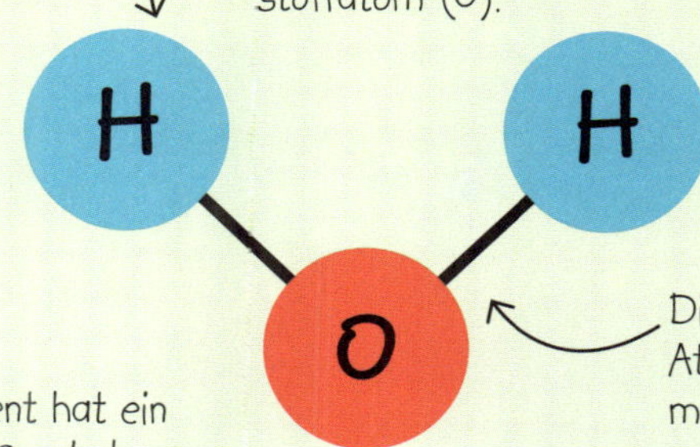


Die Kraft, die die Atome zusammenhält, nennt man chemische Bindung.

Jedes Element hat eine andere Ordnungszahl oder Kernladungszahl. Sie ist die Anzahl der (positiv geladenen) Protonen in jedem Atomkern dieses Elements.

Jedes Element hat ein eindeutiges Symbol aus einem oder zwei Buchstaben, meist vom lateinischen Namen abgeleitet.

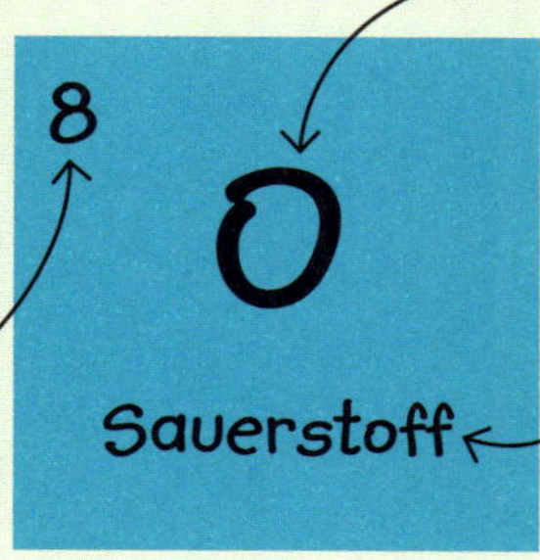


Voller Name des Elements

**1** Im alten Ägypten drückte man manchmal auf eine Arterie im Arm oder Bein des Kranken, sodass sie zeitweise gefühllos wurden und man dann operieren konnte. Im 18. Jahrhundert probierten einige Ärzte und Ärztinnen in Europa Hypnose zur Entspannung der Kranken, aber der Erfolg war gering.

**2** Bis zum 19. Jahrhundert waren kranke Personen bei der Operation wach. Man musste sie gewaltsam festhalten, damit sie nicht um sich schlugen, während sie möglichst schnell operiert wurden. Teilweise war der medizinische Eingriff schlimmer als die ursprünglichen Beschwerden!

# UNTERDRÜCKUNG VON SCHMERZEN

Vor dem 19. Jahrhundert waren chirurgische Operationen meist grauenhafte und schmerzvolle Prozeduren. Wenn Wundärztinnen und Chirurgen Glieder abhackten oder Wunden nähten, probierten sie viele Methoden aus, um die Kranken von ihren Qualen abzulenken. Doch im frühen 19. Jahrhundert begann man zu erforschen, wie das Einatmen verschiedener Gase wirkte und welche Gase die Kranken betäubten. Es war ein medizinischer Durchbruch, der Erkrankten Erleichterung verschaffte und es den Chirurgen und Chirurginnen ermöglichte, sich ganz auf ihre Arbeit zu konzentrieren.

**3** Im Jahr 1846 ließ der US-amerikanische Zahnarzt William Morton einen Patienten das Gas Äther einatmen. Das Gas machte ihn bewusstlos und der Arzt konnte einen Teil eines Tumors in seinem Hals entfernen. Als der Patient nach der Operation aufwachte, spürte er nur einen leichten Schmerz im Hals. Äther war ein großer Erfolg und Anästhetika (betäubende Gase) wurden Standard bei Operationen.

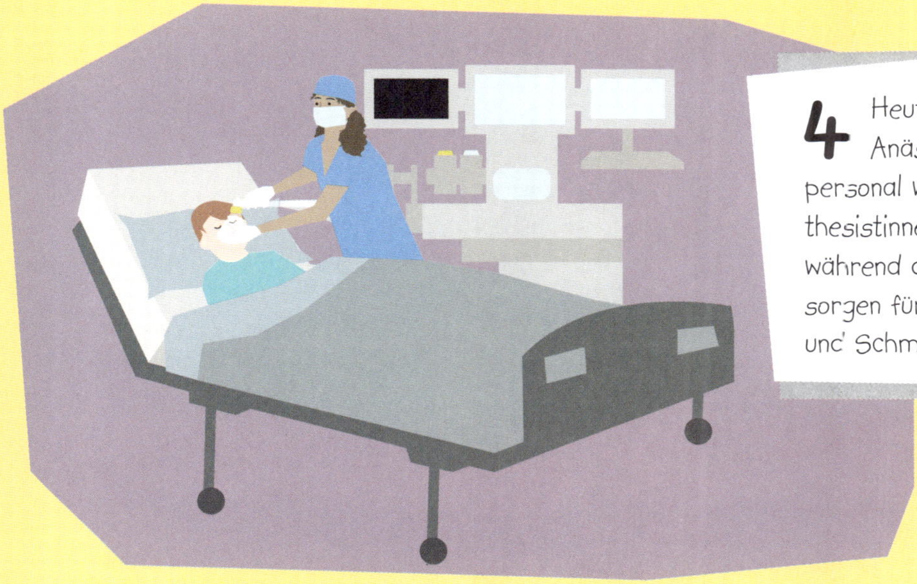

**4** Heute gibt es viele verschiedene Anästhetika. Ärztliches Fachpersonal wie Anästhesisten und Anästhesistinnen beobachten den Kranken während der gesamten Operation und sorgen für eine konstante Narkose und Schmerzunterdrückung.

# WAS IST SCHMERZ?

Schmerz ist ein Warnsignal des Körpers, dass etwas nicht stimmt. Das Schmerzgefühl kommt von der Reizung spezieller Nervenzellen, den Schmerzrezeptoren. Sie geben chemische Stoffe ab, die bewirken, dass Signale als elektrische Pulse durch das Nervensystem zum Gehirn laufen, damit es weiß, dass es etwas gegen den Schmerz tun muss.

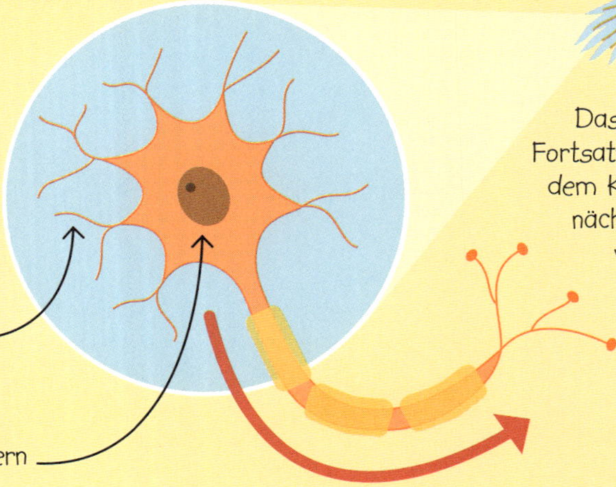


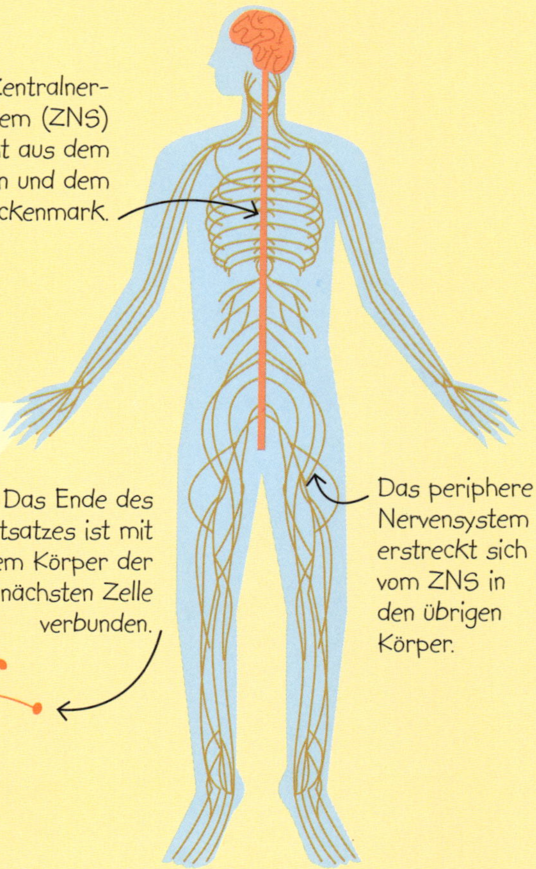


# WAS TUN ANÄSTHETIKA?

Heute gibt es Anästhetika, die einen Teil des Körpers betäuben (Lokalanästhesie) oder dich ganz einschlafen lassen (Allgemeinanästhesie, auch Narkose genannt). Wenn die Anästhetika nachlassen, laufen die Nervensignale wieder zum Gehirn: Man kommt zu Bewusstsein und fühlt auch wieder.

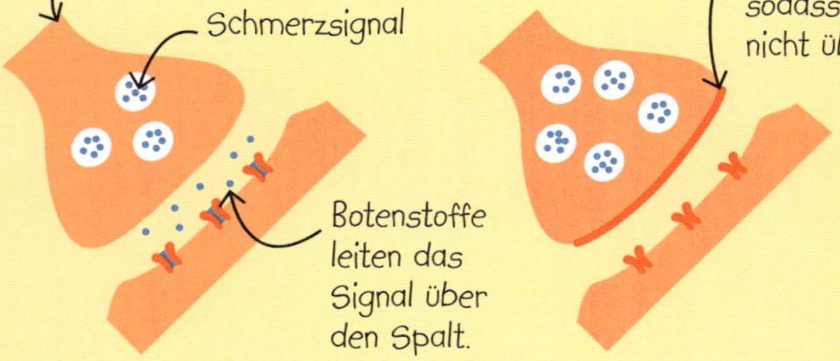

**Lokalanästhetika**

Zwischen den Nervenzellen liegt ein schmaler Spalt, über den das Signal durch chemische Botenstoffe übertragen wird. Lokalanästhetika blockieren diese Stoffe.

**Allgemeinanästhetika (Narkotika)**

Ein Allgemeinanästhetikum macht den Kranken bewusstlos. Das nennt man Narkose.

# WAS GESCHIEHT BEI EINER OPERATION?

Anästhesisten und Anästhesistinnen sind darauf spezialisiert, Narkosemittel anzuwenden. Sie passen die Dosis der Anästhetika genau auf den Erkrankten an, sodass er bei der Operation nicht bei Bewusstsein ist. Während dieser Allgemeinanästhesie (Narkose) beobachtet die ärztliche Fachkraft den Kranken ständig, damit dessen Herzschlag, Sauerstoffgehalt und andere Lebensfunktionen gesund bleiben.

Das Gehirn geht in einen Ruhezustand und reagiert nicht auf Schmerzsignale. Wenn du aufwachst, fühlt es sich an, als ob du nur kurz eingeschlafen bist.

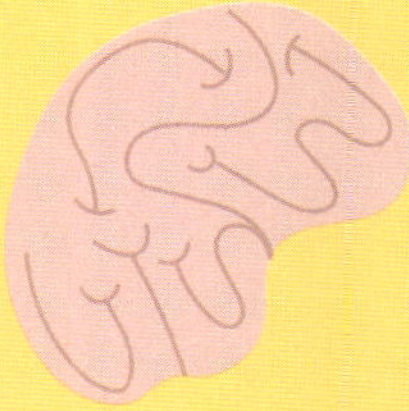

Muskelrelaxanzien gehören zur Allgemeinanästhesie. Sie bewirken, dass sich die Muskeln vollständig entspannen und nicht auf Reize durch die Operation reagieren.

Der Herzschlag wird ständig kontrolliert, damit er stabil bleibt und das Herz genug Blut durch den Körper pumpt.

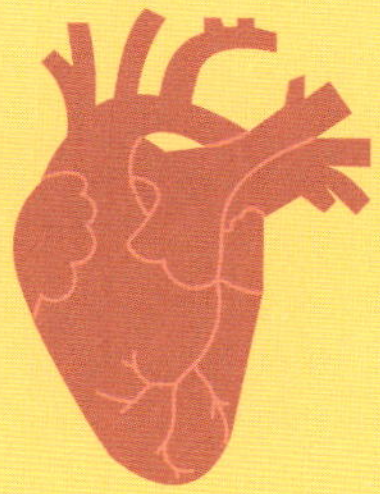

# ZAHN-BEHANDLUNG

Zahnärzte und -ärztinnen können je nach Behandlung ein Allgemein- oder Lokalanästhetikum verabreichen. Sie können auch Lachgas geben, das mit Sauerstoff gemischt eingeatmet wird. Die meisten Leute entspannen sich dadurch. Manche werden etwas albern.

**INTERESSANT!**

**Längeres Leben**
Anästhetika sind eine der großen Verbesserungen der Medizin, da sie auch schmerzhafte Behandlungen erlauben. So können heute viele Menschen bei guter Lebensqualität über 80 zu werden.

# KANN MAN GOLD HERSTELLEN?

Über tausend Jahre lang suchten die Gelehrten der Antike nach dem „Stein der Weisen" – einer mythischen Substanz, die wertlose Metalle in wertvolles Gold verwandeln kann. Sie schafften es nicht, aber ihre Bemühungen waren nicht umsonst. Bei seiner Suche erfand der persische Gelehrte Dschabir ibn Hayyan viele praktische Geräte, die man auch heute noch in Labors verwendet.

**1** Jahrhundertelang versuchte die Alchemie (frühe Wissenschaft, die an Magie glaubte) „unedle Metalle" wie Blei in „edle Metalle" wie Gold und Silber umzuwandeln. Sie wusste nicht, dass das unmöglich ist.

**2** Anders als frühere Gelehrte meinte Dschabir Antworten durch Experimente zu finden. Er führte endlose Versuche durch und entdeckte dabei neue Substanzen und Verfahren, die er sorgfältig aufschrieb.

**3** Er gilt als Autor von Hunderten Büchern, die die Entdeckungen genau beschreiben. Sie legten die Grundlage für die Entwicklung der Chemie zu einer modernen Wissenschaft, die auf Experimenten beruht und Magie und Aberglauben hinter sich ließ.

# DIE WISSENSCHAFTLICHE METHODE

Dschabir trug dazu bei, die Wissenschaft zu entwickeln und Magie zurückzudrängen, denn er führte Versuche (Experimente) durch, um herauszufinden, wie etwas funktioniert. Experimente bilden den Kern dessen, was wir heute wissenschaftliche Methode nennen: Ein schrittweiser Prozess, mit dem man Ideen entwickelt und dann testet, ob sie stimmen. Ohne die wissenschaftliche Methode gäbe es vieles von unserem heutigen Wissen und unserer Technik nicht.

**INTERESSANT!**

**Zufallsfunde**
Unzählige Entdeckungen wurden in der Geschichte der Wissenschaften zufällig gemacht. Einige dieser Zufallsfunde haben Leben gerettet und die Welt verändert. Aber waren sie wirklich nur Zufall oder war eine Person, die der wissenschaftlichen Methode folgte, zur richtigen Zeit am richtigen Ort?

Die wissenschaftliche Methode startet mit einer Frage, z. B.: Warum ist das Wasser im Teich grün?

**Stell eine Frage.**

**Hintergrundrecherche: Was ist schon bekannt?**

Eine Hypothese ist eine mögliche Erklärung. Vielleicht ist Teichwasser grün, weil in ihm mikroskopisch kleine Pflanzen leben?

**Stell eine Hypothese auf.**

Ein Experiment sammelt Daten, um die Hypothese zu testen.

**Teste sie im Experiment.**

Manchmal versagen Experimente wegen kaputter Geräte oder falscher Methoden.

**Klappt die Versuchsdurchführung?**

**Ja**

**Nein**

**Fehlersuche: Prüfe sorgfältig den Aufbau und jeden Schritt des Versuchs.**

# DU BIST DRAN!

## FORSCHE WISSENSCHAFTLICH

Überlege dir eine Frage, auf die du eine Antwort möchtest, und folge dann der wissenschaftlichen Methode, um zu sehen, ob du es herausbekommst. Kannst du erforschen, welche Dinge in einer Schale Wasser schwimmen? Kannst du eine Hypothese aufstellen, die voraussagt, welche Objekte schwimmen?

### WUSSTEST DU DAS?

**Lebenselixier**
Alchemisten und Alchemistinnen glaubten, dass sich der Stein der Weisen zu einem roten Pulver zermahlen ließe, das jede Krankheit heilen und Menschen sogar unsterblich machen könnte. Die Araber nannten es *al-iksir*, was „das Trockene" (im Sinne von „Heilpulver") bedeutet. In Europa wurde daraus das Wort Elixier oder Lebenselixier.

**Daten aus dem Experiment werden zu Hintergrundinformationen für neue Forschungen. Stell neue Fragen, stell neue Hypothesen auf und mach neue Versuche!**

Eine grafische Darstellung hilft, Muster in Daten zu erkennen.

**Analysiere die Daten. Was folgt aus ihnen?**

**Ergebnisse stützen die Hypothese.**

**Ergebnisse passen nur teilweise oder gar nicht zur Hypothese.**

**Teile die Ergebnisse mit anderen.**

Gute Wissenschaftler schreiben einen Artikel über ihr Experiment, damit andere Forscher es verstehen und wiederholen können.

# DIE VORHERSAGE NEUER ELEMENTE

Alle Stoffe auf der Erde, in unserem Körper und im Universum bestehen aus winzigen Materiebausteinen, den Atomen. Wir kennen 118 Sorten von Atomen und jede Sorte nennt man ein chemisches Element. Sortiert man alle Elemente nach der Masse ihrer Atome, findet man sich wiederholende Muster, die man in einer Tabelle darstellen kann: das Periodensystem. Die Entdeckung dieses Systems 1869 war einer der größten Durchbrüche in der Geschichte der Chemie.

**1** Um 1860 hatten Genies der Chemie fast 60 Elemente entdeckt und benannt. Sie hatten sogar die Atommasse jedes Elements relativ zum Wasserstoff, dem leichtesten Element, bestimmt. Aber erst ein Geistesblitz des russischen Chemikers Dmitri Mendelejew enthüllte die verborgenen Muster in den Zahlen.

**2** Mendelejew sagte, er habe die Entdeckung dank einer Eingebung im Traum gemacht. Er sah die Elemente nach Atommasse sortiert in einer Tabelle, sodass Elemente mit ähnlichen chemischen Eigenschaften in Spalten untereinander standen.

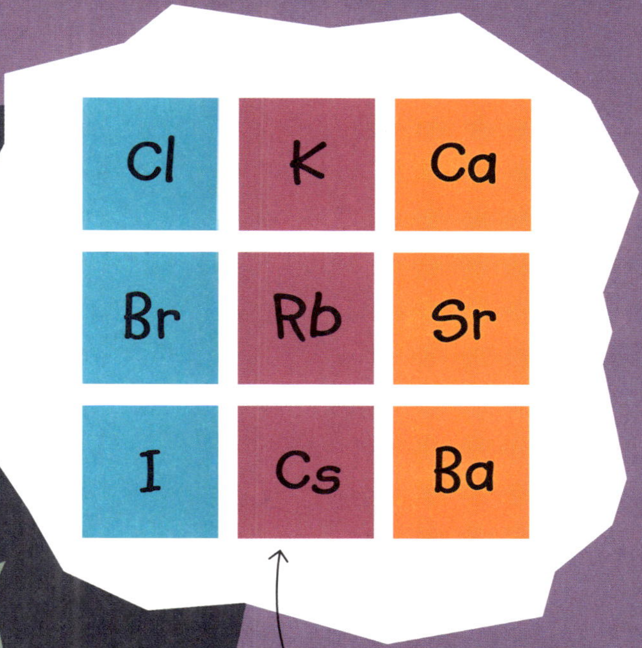


Mendelejews Traum zeigte nur eine Handvoll von Elementen nach ihrer Atommasse sortiert.

Mendelejews erster Versuch enthielt Striche (–) für Stellen, zu denen man noch kein Element kannte.

**3** Aber die Tabelle passte nur, wenn Zellen frei blieben. Er erklärte, diese Lücken müssten unentdeckte Elemente sein, und sagte ihre chemischen Eigenschaften vorher. Nach wenigen Jahren hatte man die ersten drei entdeckt und ihn bestätigt.

# DIE ZUTATEN FÜR ALLE DINGE

Seit Mendelejew wurden viele neue Elemente entdeckt. Heute kennen wir 118 Elemente. Das Periodensystem hat uns nicht nur geholfen, neue Elemente zu finden, sondern auch, den Aufbau der Atome zu verstehen, die (wie wir heute wissen) aus Protonen, Neutronen und Elektronen bestehen. Im modernen Periodensystem sind die Elemente nach der Anzahl der Protonen im Kern statt nach der Masse sortiert. Elemente der gleichen Gruppe (Spalte) haben ähnliche chemische Eigenschaften, weil sie die gleiche Zahl äußerer Elektronen haben, die Bindungen mit anderen Atomen bilden können.

| 1 H Wasserstoff | | | | | | | | | |
|---|---|---|---|---|---|---|---|---|---|
| 3 Li Lithium | 4 Be Beryllium | | | | | | | | |
| 11 Na Natrium | 12 Mg Magnesium | | | | | | | | |
| 19 K Kalium | 20 Ca Kalzium | 21 Sc Scandium | 22 Ti Titan | 23 V Vanadium | 24 Cr Chrom | 25 Mn Mangan | 26 Fe Eisen | 27 Co Kobalt | 28 Ni Nickel |
| 37 Rb Rubidium | 38 Sr Strontium | 39 Y Yttrium | 40 Zr Zirkonium | 41 Nb Niob | 42 Mo Molybdän | 43 Tc Technetium | 44 Ru Ruthenium | 45 Rh Rhodium | 46 Pd Palladium |
| 55 Cs Cäsium | 56 Ba Barium | 57-71 La-Lu | 72 Hf Hafnium | 73 Ta Tantal | 74 W Wolfram | 75 Re Rhenium | 76 Os Osmium | 77 Ir Iridium | 78 Pt Platin |
| 87 Fr Francium | 88 Ra Radium | 89-103 Ac-Lr | 104 Rf Rutherfordium | 105 Db Dubnium | 106 Sg Seaborgium | 107 Bh Bohrium | 108 Hs Hassium | 109 Mt Meitnerium | 110 Ds Darmstadtium |

| 57 La Lanthanum | 58 Ce Cerium | 59 Pr Praseodymium | 60 Nd Neodymium | 61 Pm Promethium | 62 Sm Samarium | 63 Eu Europium |
|---|---|---|---|---|---|---|
| 89 Ac Actinium | 90 Th Thorium | 91 Pa Protactinium | 92 U Uranium | 93 Np Neptunium | 94 Pu Plutonium | 95 Am Americium |

Alle Elemente der ersten Gruppe (Spalte) haben ein Elektron in der äußersten Schale.

# EDELMETALLE

Gold, Silber und Kupfer zählen zu den wenigen Elementen, die in der Natur in ihrer reinen Form vorkommen. Daher wurden diese Metalle seit Jahrtausenden verwendet: Gold und Silber wegen ihres Glanzes als Schmuck und Kupfer für Werkzeuge und Münzen, weil es leicht zu formen ist. Silber tötet außerdem Bakterien, sodass man früher verderbliche Lebensmittel in Silberbehältern aufbewahrte. Auch warf man Silbermünzen in Fässer mit Wasser oder Milch, um sie frisch zu halten.

Nichtmetalle sind blau hinterlegt. Alle anderen Elemente sind entweder Metalle oder haben metallische Eigenschaften.

Das moderne Periodensystem ordnet die Elemente nach der Ordnungszahl oder Kernladungszahl (der Zahl der Protonen im Kern).

| | | | | | | | |
|---|---|---|---|---|---|---|---|
| | | | | | | | 2 He Helium |
| | | 5 B Bor | 6 C Kohlenstoff | 7 N Stickstoff | 8 O Sauerstoff | 9 F Fluor | 10 Ne Neon |
| | | 13 Al Aluminium | 14 Si Silizium | 15 P Phosphor | 16 S Schwefel | 17 Cl Chlor | 18 Ar Argon |
| 29 Cu Kupfer | 30 Zn Zink | 31 Ga Gallium | 32 Ge Germanium | 33 As Arsen | 34 Se Selen | 35 Br Brom | 36 Kr Krypton |
| 47 Ag Silber | 48 Cd Kadmium | 49 In Indium | 50 Sn Zinn | 51 Sb Antimon | 52 Te Tellur | 53 I Jod | 54 Xe Xenon |
| 79 Au Gold | 80 Hg Quecksilber | 81 Tl Thallium | 82 Pb Blei | 83 Bi Wismut | 84 Po Polonium | 85 At Astatin | 86 Rn Radon |
| 111 Rg Röntgenium | 112 Cn Copernicium | 113 Nh Nihonium | 114 Fl Flerovium | 115 Mc Moscovium | 116 Lv Livermorium | 117 Ts Tenness | 118 Og Oganesson |

| | | | | | | | |
|---|---|---|---|---|---|---|---|
| 64 Gd Gadolinium | 65 Tb Terbium | 66 Dy Dysprosium | 67 Ho Holmium | 68 Er Erbium | 69 Tm Thulium | 70 Yb Ytterbium | 71 Lu Lutetium |
| 96 Cm Curium | 97 Bk Berkelium | 98 Cf Californium | 99 Es Einsteinium | 100 Fm Fermium | 101 Md Mendelevium | 102 No Nobelium | 103 Lr Lawrencium |

### Perioden

Die waagerechten Zeilen nennt man Perioden. Alle Elemente in einer Periode haben die gleiche Zahl von Elektronenschalen im Atom.

**Perioden laufen von links nach rechts.**

### Gruppen

Die senkrechten Spalten heißen Gruppen. Die Elemente jeder Gruppe haben die gleiche Zahl von Elektronen in der äußersten Schale, sodass sie chemisch ähnlich sind.

**Gruppen laufen von oben nach unten.**

## LEGENDE

- Nichtmetalle
- Alkalimetalle
- Erdalkalimetalle
- Übergangsmetalle
- Halbmetalle
- Nachübergangsmetalle
- Seltene Erden und Actinoide

**INTERESSANT!**

### Helium

Helium ist das zweitleichteste Element. Man füllt damit gerne Luftballons, weil es viel leichter als Luft ist. Es ist auch sehr sicher, weil es extrem reaktionsträge ist und mit anderen Stoffen nicht reagiert. Wasserstoff ist leichter, aber leicht brennbar.

# DEN HIMMEL ERHELLEN

Das Knallen und das blendende Licht eines Feuerwerks sind Energie aus einer schnellen chemischen Reaktion. Die ersten Feuerwerke gab es im Mittelalter in China, nachdem man durch Zufall das Schießpulver erfunden hatte. Aber die Erfindung brachte der Welt nicht nur Feuerwerke, sondern auch Gewehre, Kanonen, Raketen und Bomben, die unsere Kriege für immer veränderten.

**1** Vor über 1000 Jahren versuchten chinesische Alchemistinnen und Alchemisten, einen Trank zu finden, der unendliches Leben gibt. Sie versuchten dazu, chemische Stoffe in allen möglichen Kombinationen zu mischen.

**2** Ein unglücklicher Alchemist mischte Holzkohle, Schwefel und Salpeter und erhitzte das Gemisch. Es explodierte und sein Haus brannte nieder. Er hatte das Schießpulver erfunden!

### Das steckt dahinter

## CHEMISCHE REAKTIONEN

Chemische Stoffe reagieren, wenn sich in ihren Molekülen einige Atombindungen lösen und die Atome neue Molekülen bilden. Einige Reaktionen sind langsam, etwa wenn Eisen rostet, doch andere sehr schnell. Feuerwerke beruhen auf Reaktionen, die nicht nur schnell sind, sondern auch große Mengen Energie freisetzen. Das führt zur schnellen Ausdehnung von Gas – einer Explosion.

**3** Wer genau das erste Feuerwerk machte, ist unbekannt. Einer Legende nach füllte ein Mönch namens Li Tan Bambusrohre mit Schießpulver und warf sie in die Luft, was einen Funkenregen und einen Knall erzeugte.

Die Hitze einer Flamme ist zum Entzünden nötig.

**4** Schon bald waren Feuerwerke bei Festen beliebt. Man befestigte sie an Pfeilen, um sie als Raketen in den Himmel zu schießen. Mit der Zeit wurden die Explosionen größer, heller, lauter und bunter.

### Chemische Energie

In allen Molekülen ist Energie in den Bindungen zwischen den Atomen gespeichert. Bei einer Reaktion kann ein Teil davon als Wärme, Licht oder Schall frei werden. Reaktionen, die Energie freisetzen, etwa das Brennen einer Kerze, nennt man exotherm. Reaktionen, die Energie aufnehmen, sind endotherm.

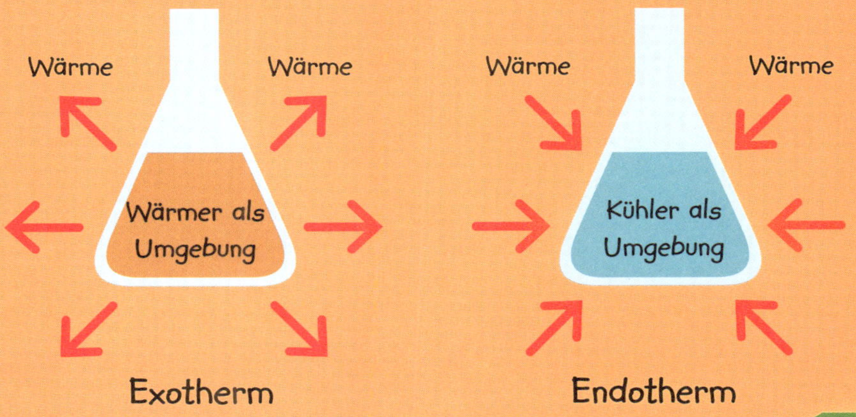

# WIE FUNKTIONIEREN FEUERWERKE?

Moderne Feuerwerksraketen enthalten zwei Teile, die mit Schießpulver gefüllt sind: den Treibsatz, der die Rakete vorantreibt, und darüber den Effektsatz, der das bunte Leuchtspektakel erzeugt. Ausgefeiltere Feuerwerke enthalten Miniraketen, die in der Luft in verschiedene Richtungen fliegen und in einer sorgfältig abgestimmten Reihenfolge explodieren.

Der frei liegende Teil der Zündschnur brennt 3–9 Sekunden.

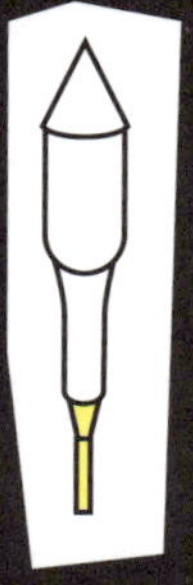

**1** Der zuerst brennende Teil der Rakete ist die Zündschnur. Sie brennt langsam ab, damit man Zeit hat, sich zu entfernen. Man kann so den Startzeitpunkt mehrerer Raketen steuern.

Feuerwerksraketen können so schnell wie Kampfjets werden.

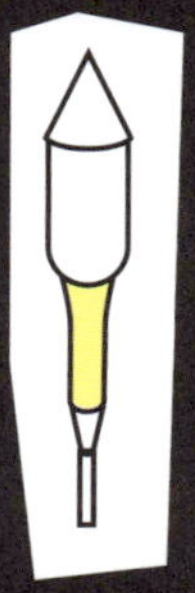

**2** Dann brennt das Schießpulver im Treibsatz ab. Es verbrennt explosionsartig und stößt heiße Gase aus der Düse am unteren Ende aus, die die Rakete schnell nach oben treiben.

# VERBRENNUNG

Feuerwerke beruhen auf einer chemischen Reaktion, die man Verbrennung nennt. Verbrennungen brauchen drei Faktoren: einen Brennstoff, Sauerstoff (der mit dem Brennstoff reagiert) und eine Wärmequelle, die die Reaktion startet. Meist stammt der Sauerstoff aus der Luft, aber Sprengstoffe wie Schießpulver enthalten Substanzen, die Sauerstoff chemisch abgeben. So wird die Reaktion schneller.

Feuerwerke erhalten den Sauerstoff von einem Oxidationsmittel wie Kaliumnitrat.

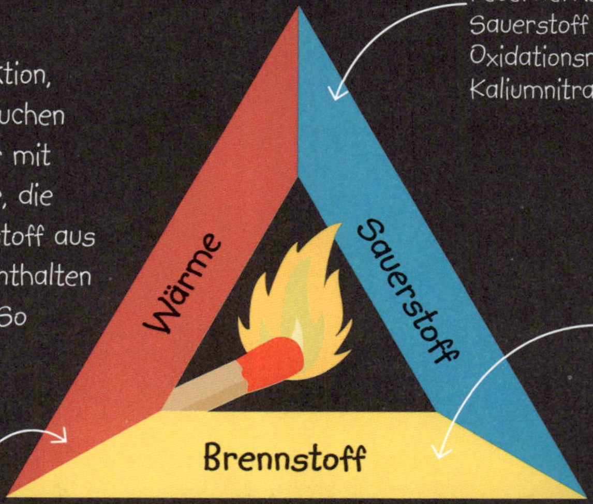


Eine Wärmequelle ist nötig, um die Verbrennungsreaktion zu starten.

Der Schwefel und die Holzkohle stellen den Brennstoff im Schießpulver dar.

Die Art, wie der Effektsatz gepackt ist, bestimmt die Formen, die er am Himmel erzeugt.

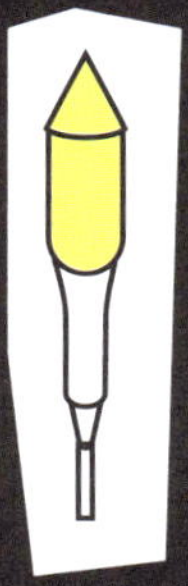

**3** Zuletzt zündet der Effektsatz. Er enthält unzählige kleine Pulverpackungen, die Effektladungen oder Leuchtkugeln. Sie fliegen brennend in alle Richtungen und bilden Leuchtstreifen am Himmel, begleitet von einem Knall und Knistergeräuschen.

**INTERESSANT!**

**Dynamit**

Mit Sprengstoffen sprengt man Tunnel durch Gebirge, reißt Gebäude ab, betreibt Bergbau und löst kontrolliert Lawinen aus. Einer der häufigsten Sprengstoffe ist Dynamit, das der schwedische Chemiker Alfred Nobel als sichere Alternative zum Schießpulver erfunden hat. Nobel stiftete einen Teil des Vermögens, das er mit Sprengstoffen verdiente, für den jährlich verliehenen Nobelpreis.

## FARBEN

Die brillanten Feuerwerksfarben kommen von verschiedenen Metallpulvern, die dem Schießpulver der Effektladungen beigemischt sind. Wenn Metallatome erhitzt werden, werden sie „angeregt", d. h. ihre Elektronen springen auf höhere Energiezustände. Wenn die Elektronen wieder auf den Grundzustand zurückspringen, geben sie die Energie als Licht ab. Die Farbe des Lichts hängt vom Metallpulver ab. Magnesium z. B. erzeugt weißes Licht.

Magnesium

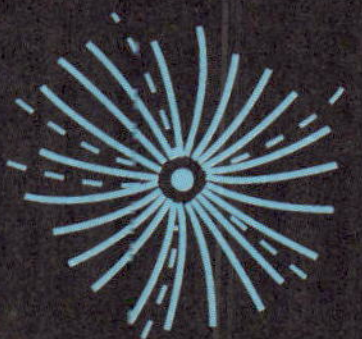

Kupfer

Strontium

Barium

Sodium

Kalzium

# VIELFÄLTIGES PLASTIK

Kunststoffe („Plastik") sind unglaublich praktische Materialien, die in der modernen Welt überall verwendet werden. Einige Anwendungen sind offensichtlich, etwa Lebensmittelverpackungen, aber bei anderen Alltagsgegenständen bemerkst du vielleicht nicht einmal, dass sie aus Plastik sind, etwa Kleidung oder Farbe. Der chemische Aufbau von Plastik ähnelt dem einiger natürlicher Materialien wie Seide oder Gummi, aber Plastik ist eine menschliche Erfindung, zuerst erdacht von einem belgischstämmigen Forscher.

**1** Im frühen 20. Jahrhundert wurde Elektrizität immer mehr genutzt. Elektrische Kabel mussten dafür isoliert werden, um sicher und effizient zu sein. Herstellungsfirmen verwendeten zur Isolierung eine teure Substanz, den Schellack.

Schellack ist ein natürlicher Stoff, der von weiblichen Lackschildläusen produziert wird.

Schellack bildet plastikähnliche Brocken, die man in Ethanol (Alkohol) zu flüssigem Schellack auflöst.

Elektrische Drähte wurden in Schellack getaucht, um sie zu isolieren.

**2** In den USA experimentierte der aus Belgien stammende Chemiker Leo Hendrik Baekeland mit synthetischen (künstlich hergestellten) Alternativen zum Schellack, die man in Massen produzieren konnte.

Er verwendete eine Art Druckkochtopf, den er erfunden hatte und den er Bakelizer nannte.

**3** Durch die Mischung zweier Chemikalien, Formaldehyd und Phenol, in seinem Bakelizer bei sorgfältig kontrollierten Temperatur- und Druckverhältnissen erzeugte er das erste synthetische Polymer der Welt.

**4** Baekeland nannte dieses stabile, leichte Material Bakelit. Es eignete sich großartig zur Isolierung elektrischer Drähte, war aber auch so vielfältig, dass man daraus eine große Zahl verschiedenster Produkte formen konnte.

## Das steckt dahinter

## POLYMERE

Schellack und Bakelit sind Polymere – ihre Moleküle sind Ketten aus vielen kleineren Molekülen, den Monomeren, die sich immer wiederholen. Dieses Beispiel zeigt das Monomer Ethen, aus dem man das Polymer Polyethylen macht, ein häufiges modernes Plastik.

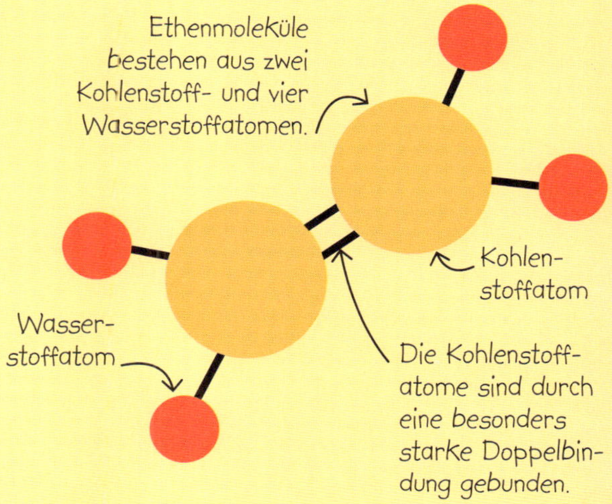


Bei der Polymerisierung bricht die Doppelbindung zwischen den Kohlenstoffatomen auf und die Ethenmoleküle binden sich untereinander zu einer Kette, einem Polymer. Dieses Polymer aus Ethen nennt man Polyethylen.

# NATÜRLICHE POLYMERE

Nicht nur Kunststoffe sind Polymere. Tatsächlich sind viele Substanzen in der Natur auch Polymere. Seide ist ein natürliches Polymer, das von der Raupe des Seidenspinners (einer Schmetterlingsart) erzeugt wird. Gummi wird aus dem Saft von Gummibäumen gewonnen. Aus Zellulose, einem Stoff in den Zellwänden von Pflanzen, macht man Papier, und Stärke ist ein Kohlehydrat, das in Kartoffeln und anderen Grundnahrungsmitteln vorkommt.

Gummi

Zellulose

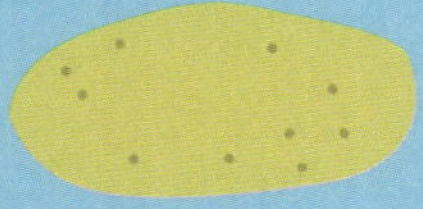

Stärke

Seide

# SYNTHETISCHE POLYMERE

Synthetische Polymere sind Stoffe, die von Menschen chemisch hergestellt werden. Unterschiedliche chemische Ausgangsstoffe ergeben verschiedene Sorten Kunststoff (Plastik) für verschiedene Verwendungszwecke. Kunststoffe sind supervielfältig und haben unser Leben in vielerlei Hinsicht vereinfacht: Einige sind flexibel genug, um Kabel im Haushalt zu isolieren, andere sind hart genug für Schutzausrüstung auf Baustellen. So rettet Plastik im Krankenhaus Leben, weil das Material hygienisch und billig ist.

**Polystyrol (PS)**
Das schaumige Plastik nutzt man für Verpackungen, Dämmmaterial, Becher und Deckenfliesen.

**Polyethylen (PE)**
PE wird für Plastiktüten, Wasserflaschen, Spielzeug und Folien verwendet.

**Polyvinylchlorid (PVC)**
Aus PVC stellt man Rohre, Kabelisolierung, Bodenfliesen und sogar Kleidung her.

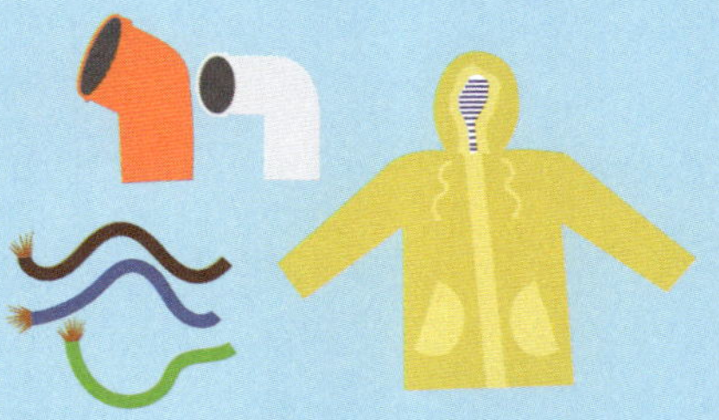

**Nylon**
Nylon ist eine synthetische Faser, aus der man Kleidung, Teppiche, Kunststoffseile und Maschinenteile fertigt.

**Acrylharze und Acrylfasern**
Daraus macht man Farben, Nagellack und Synthetikfasern für Kleidung.

## WUSSTEST DU DAS?

### Plastik überwinden

Wir verwenden heute so viel Plastik, dass es zum Problem geworden ist, weil einige Sorten erst nach Hunderten von Jahren zerfallen. Man sollte daher wo immer möglich Plastik durch andere Substanzen ersetzen. Alternativen sind z. B. Verpackungen auf Pilzbasis oder Tragetüten, die aus Fischschuppen oder Algen hergestellt werden.

## INTERESSANT!

### Gegen die Plastikverschmutzung

2016 entdeckten japanische Wissenschaftler Bakterien, die bei der Bekämpfung von Plastikmüll helfen könnten. Diese hungrigen Organismen enthalten ein Enzym (eine Substanz, die chemische Reaktionen erleichtert), das die chemischen Bindungen in den Plastikmolekülen aufbricht, sodass es sich in nur sechs Wochen zersetzt.

### Polyurethan (PUR)

Verpackungsschaumstoffe, Farben, Lacke, Sportkleidung und Küchenschwämme werden aus PUR gemacht.

### Polymethylmethacrylat (PMMA)

Dieser Kunststoff ist ein Glasersatz und wird meist Acrylglas oder Plexiglas genannt.



### Polytetrafluorethylen (PTFE)

PTFE nutzt man für wasserfeste Kleidung, reibungsarme Maschinenlager und als Antihaftbeschichtung für Töpfe und Pfannen.

### Kevlar

Diese hochfesten Fasern nutzt man für schusssichere Westen, aber auch für Feuerwehrschutzkleidung.

### Polyester, etwa Polyethylenterephtalat (PET)

Aus Polyestern macht man Glasfasern, Synthetikfasern für Kleidung und Fotofilme. Viele Getränkeflaschen sind aus PET.

# CHAMPIONS DER CHEMIE

Vom Bergbau bis zur Metallherstellung haben die Menschen von jeher versucht, Anwendungen für die Stoffe in ihrer Umwelt zu finden. Die Chemie ging aus der Alchemie hervor. Diese verband Wissenschaft mit der Magie und suchte nach Wegen, Gold aus alltäglichen Metallen herzustellen. Die moderne Chemie begann im 18. Jahrhundert und hat dank schlauer Chemiker und Chemikerinnen viele große Sprünge gemacht.

um 450 v. Chr.

## VIER ELEMENTE

Die Griechen der Antike meinten, dass alles im Universum aus nur vier Elementen bestehe: Wasser, Luft, Feuer und Erde. Diese Vorstellung beeinflusste das wissenschaftliche Denken über 2000 Jahre lang.

um 3500 v. Chr.

## BRONZEZEIT

Die Sumerer in Mesopotamien (heute Irak) kannten die Eigenschaften metallischer Elemente. Sie schmolzen Kupfer und Zinn zusammen und erhielten Bronze: ein hartes, aber formbares Metall, aus dem man Waffen und Werkzeuge herstellen konnte. Die Sumerer entdeckten auch den chemischen Prozess, Sand mit Natron (einem Salz aus einigen Wüstenseen) und Kalk bei hoher Temperatur zu schmelzen, um Glas zu machen.

etwa 1. Jh. n. Chr.

## MARIA DIE PROPHETIN

Die ägyptische Stadt Alexandria war das Zentrum der Alchemie in der antiken Welt. Maria die Prophetin, eine der ersten Alchemistinnen, soll einen Destillationsapparat (mit dem man Stoffe aus einer Lösung reinigt) erfunden haben, den man in ähnlicher Form heute noch verwendet.

## GESETZ VON BOYLE UND MARIOTTE

Der Ire Robert Boyle gilt als erster moderner Chemiker. Er fand eine wichtige Regel für Gase: Verkleinert man den Raum eines Gases, steigt der Druck, und umgekehrt. Unabhängig von ihm entdeckte das auch der Franzose Edme Mariotte. Ihr Gesetz erklärt z. B., wie Sprühflaschen und unsere Atmung funktionieren.

### WUSSTEST DU DAS?

**Seltsame Gewichtszunahmen**
Ausgehend von der Vier-Elemente-Lehre glaubte die Chemie des 18. Jahrhunderts, dass Dinge beim Verbrennen ein feuerartiges Element namens Phlogiston abgeben. Doch einige wunderten sich, warum manche Stoffe bei der Verbrennung schwerer wurden. Antoine Lavoisier erkannte, warum das so ist. Er zeigte, dass die Verbrennung eine chemische Reaktion mit dem Sauerstoff in der Luft ist, da die Substanzen beim Verbrennen den Sauerstoff binden. Seine Arbeit widerlegte schließlich die Vier-Elemente-Lehre.

1530

1662

1770er

## PARACELSUS

Der Schweizer Alchemist war ein Vorreiter der Verwendung von Mineralien und anderen chemischen Stoffen in der Medizin. Er fand Medikamente, die Quecksilber, Schwefel und andere Elemente enthielten. Er erkannte, dass Substanzen in kleiner Dosierung helfen, aber in großer Dosis giftig sein können. Er wollte sich nicht auf uralte Texte verlassen, sondern machte seine eigenen Beobachtungen. Dieser Ansatz beeinflusste die spätere Chemie.

## REVOLUTION DER CHEMIE

Der französische Wissenschaftler Antoine Lavoisier revolutionierte die Chemie. Er erklärte als Erster richtig, wie Verbrennung funktioniert, er erkannte und benannte die Elemente Sauerstoff und Wasserstoff, und er erfand ein System zur Benennung der Elemente, das wir heute noch verwenden. Er schrieb auch das erste moderne Chemielehrbuch.

## VULKANISIERTES GUMMI

Bis ins frühe 19. Jahrhundert konnte man Naturkautschuk nur in wenigen Produkten nutzen, weil er bei kaltem Wetter spröde wird und in der Hitze schmilzt. Aber als er versehentlich etwas Kautschuk mit Schwefel auf einen heißen Ofen legte, entdeckte der US-amerikanische Chemiker Charles Goodyear den Prozess der Vulkanisierung, durch den Gummi haltbar und wasserfest wird. Für die Autoindustrie, die einige Jahrzehnte später entstand, war es der ideale Rohstoff für Reifen.

1839

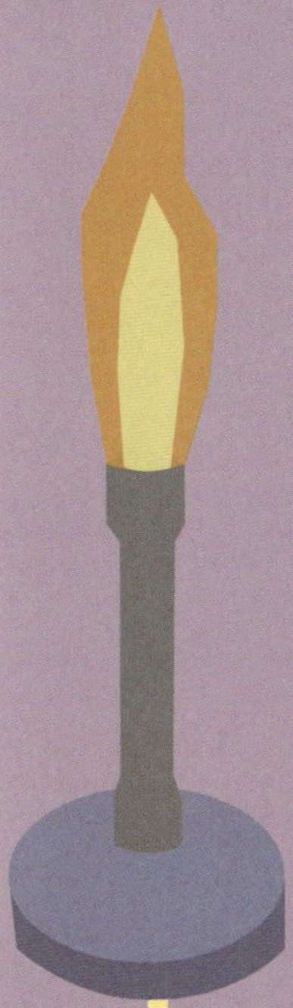

## BUNSENBRENNER

Als sie das Licht untersuchten, das verschiedene Elemente beim Verbrennen abgeben, entwickelten der deutsche Chemiker Robert Bunsen und sein Kollege Peter Desaga eine neue Form eines effizienten Gasbrenners, der eine sehr heiße, sehr saubere Flamme erzeugte. Der nach dem Erfinder benannte Bunsenbrenner ist heute in Chemielabors auf der ganzen Welt unverzichtbar.

1855

1812

## MOHS-HÄRTESKALA

Der deutsche Geologe Friedrich Mohs entwickelte eine Skala für die Härte von Mineralien. Er wählte zehn Mineralien und ordnete sie der Härte nach. Wenn man sie aneinander kratzt, dann ritzt jedes Mineral immer nur die weicheren Minerale weiter unten auf der Skala, aber nicht die härteren darüber. Mit einem einfachen Ritztest kann man also jedem unbekannten Mineral eine Zahl auf der Härteskala zuordnen. So können Herstellungsfirmen das jeweils richtige Mineral für einen Zweck auswählen: Smartphonebildschirme z. B. bestehen aus Glas mit einer Härte von etwa 7.

1898

## ENTDECKUNG VON RADIUM

Bei der Erforschung der Radioaktivität entdeckten die polnisch-französische Chemikerin Marie Curie und ihr französischer Mann Pierre ein neues, Licht abgebendes Element: Radium. Kurz danach entdeckten sie, dass es vielleicht Krebszellen zerstören kann. Das führte zur Entwicklung der Radiotherapie, einer Behandlungsmethode gegen Krebs, die heute jedes Jahr Millionen Menschenleben rettet.

## PH-SKALA

Als er die Fermentierung in der Carlsberg-Brauerei in Kopenhagen (Dänemark) studierte, erfand der Chemiker Søren Sørensen die pH-Skala, die angibt, wie sauer oder basisch eine Substanz ist. Er nannte sie pH für *potentia hydrogenii* („Potenzial des Wasserstoffs"), denn Säuren geben im Wasser viele Wasserstoffionen ab (Ionen sind geladene Atome). Sie haben einen niedrigen pH-Wert. Basische Stoffe geben wenig Ionen ab und haben einen hohen pH-Wert.

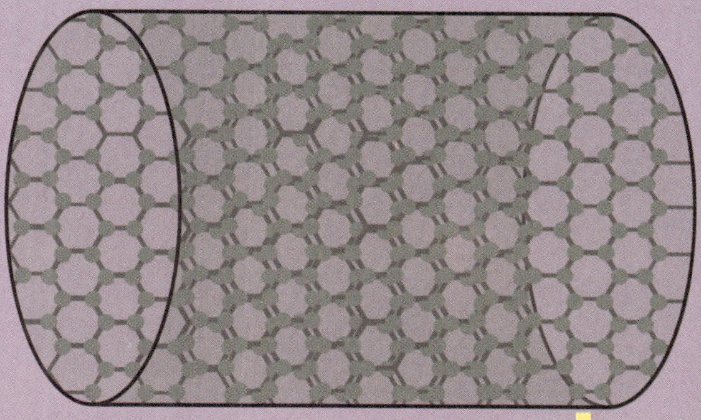

## GRAPHEN

Graphen ist eine sehr starke, nur eine Atomlage dicke Form von Kohlenstoff. Man nutzt es bereits für winzige, extrem leistungsfähige Mikroprozessoren in Smartphones und es könnte in Zukunft den Wirkungsgrad von Solarzellen steigern.

1909 1920er 1965 Heute

## LEBENSMITTEL EINFRIEREN

Bis in die 1920er-Jahre waren gefrorene Lebensmittel matschig und geschmacklos. Als Clarence Birdseye in Labrador (Kanada) arbeitete, sah er, dass die Inuit Fische nach dem Fang sofort in Schnee einfroren. Monate später schmeckte er immer noch frisch. Nach der Rückkehr in die USA entwickelte Birdseye das Schockfrosten: das schnelle Einfrieren zwischen zwei Metallplatten bei tiefen Temperaturen. Dadurch bildeten sich keine Eiskristalle, die das Lebensmittel beschädigen.

## KEVLAR

Bei Experimenten mit Polymeren hatte die US-amerikanische Chemikerin Stephanie Kwolek eine glückliche Eingebung. Statt eine Lösung wegzuwerfen, die unerwartet trübe und zu dünn geworden war, untersuchte sie sie genauer und fand heraus,, dass man daraus eine unglaublich zähe Faser spinnen konnte, die fünfmal so stark wie Stahl war. Sie nannte die Faser Kevlar. Heute werden daraus unzählige starke und leichte Produkte hergestellt, von Rennbooten bis zu Sportschuhen.

Kevlar wird in vielen Alltagsgegenständen verwendet, etwa Sportschuhen.

WOZU

# GEO-WISSENSCHAFTEN?

Stell dir vor, du wüsstest nicht, wenn ein Sturm aufzieht oder ein Erdbeben droht – das Leben wäre viel gefährlicher. Was die Veränderungen der Erde und ihrer Atmosphäre verursacht und wie sich der Planet im Lauf der Zeit verändert hat, sind Fragen, mit denen sich Geowissenschaftler und -wissenschaftlerinnen beschäftigen. Die Antworten helfen dabei, Lösungen zu wichtigen Problemen wie dem Klimawandel zu finden, der unsere Zukunft bedroht.

# WOZU BRAUCHEN WIR GEOWISSENSCHAFTEN?

Wenn du auf der Erde lebst (und das tust du wohl!), dann sind die Geowissenschaften für dein Überleben wichtig. Das griechische Wort *geos* bedeutet „Erde" und die Geowissenschaften erforschen alles über unseren Planeten: seine Geschichte ebenso wie die heutigen Verhältnisse von Luft, Wasser, Land und Erdinnerem und wie sie sich im Lauf der Zeit verändert haben. Die Geowissenschaften helfen, Leben zu retten, indem sie uns vor Erdbeben oder Wirbelstürmen warnen. Und indem sie zeigen, wie menschliche Aktivitäten die Oberflächentemperatur der Erde erhöhen, haben sie eines der wichtigsten Probleme unserer Zeit erkannt: den Klimawandel.

## WAS SIND GEO-WISSENSCHAFTEN?

Die Geowissenschaften umfassen viele verschiedene Themen, die man an der Erde erforscht. Geologinnen studieren Mineralien und Gesteine, Ozeanologen sind Experten für die Weltmeere und Meteorologinnen analysieren Wettermuster in der Atmosphäre. Diese Expertinnen und viele andere Spezialisten tragen gemeinsam zum Verständnis unseres komplexen und verletzlichen Planeten bei.

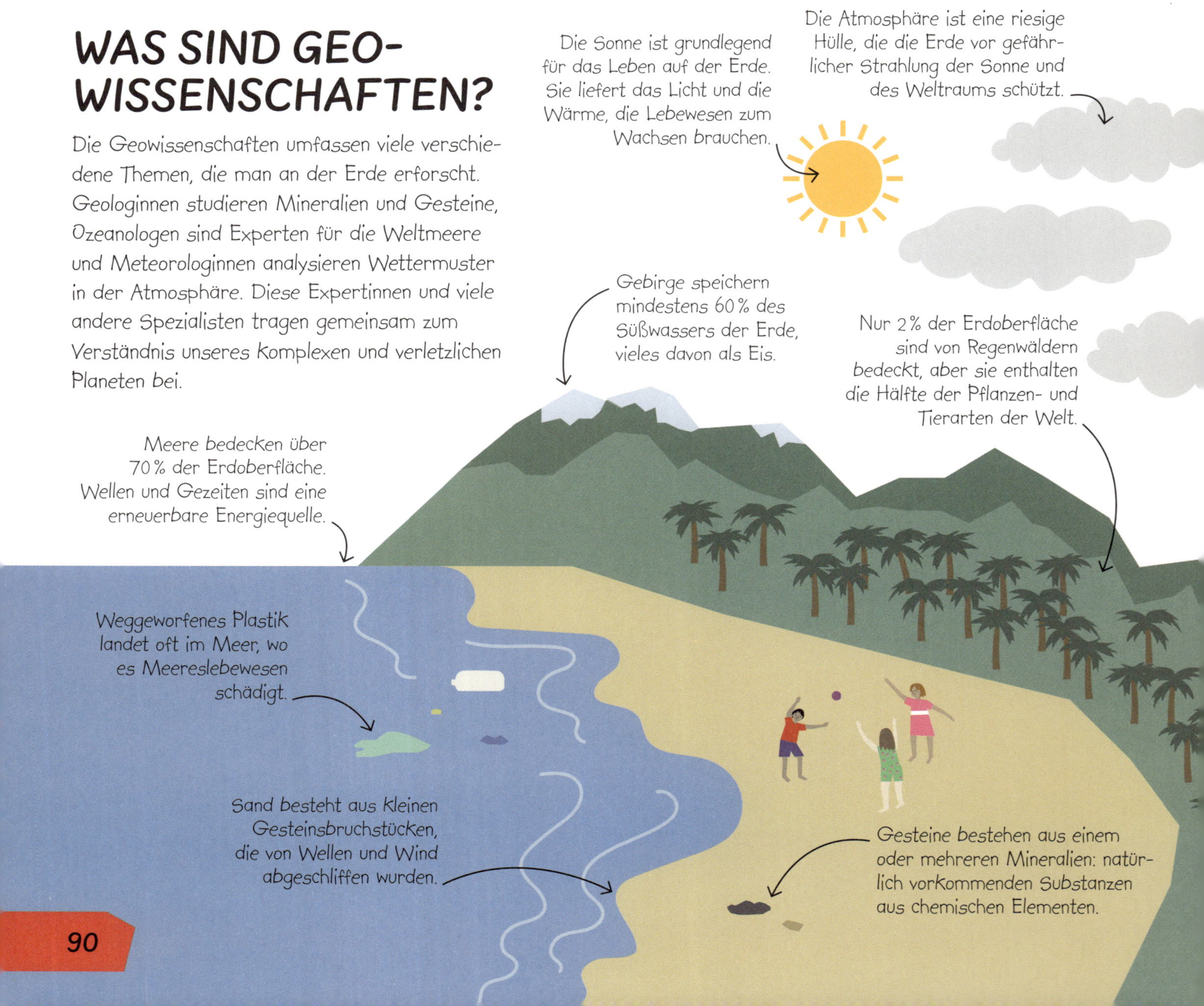

## WAS IST DIE ERDERWÄRMUNG?

Kleine Mengen einiger Gase in der Atmosphäre halten Wärmeenergie zurück, sodass weniger ins All entweicht. Das nennt man Treibhauseffekt, und dieser hält die Erdoberfläche warm. Doch durch Aktivitäten der Menschen in den letzten 150 Jahren, etwa die Verbrennung von Kohle, Öl und Gas, ist die Menge dieser Treibhausgase in der Atmosphäre angestiegen, sodass die mittleren Temperaturen auf der Erde steigen. Das hat schlimme Folgen für die Umwelt: Eiskappen und Gletscher schmelzen und es gibt mehr Überschwemmungen, Niederschläge und Extremwetter auf dem ganzen Globus.

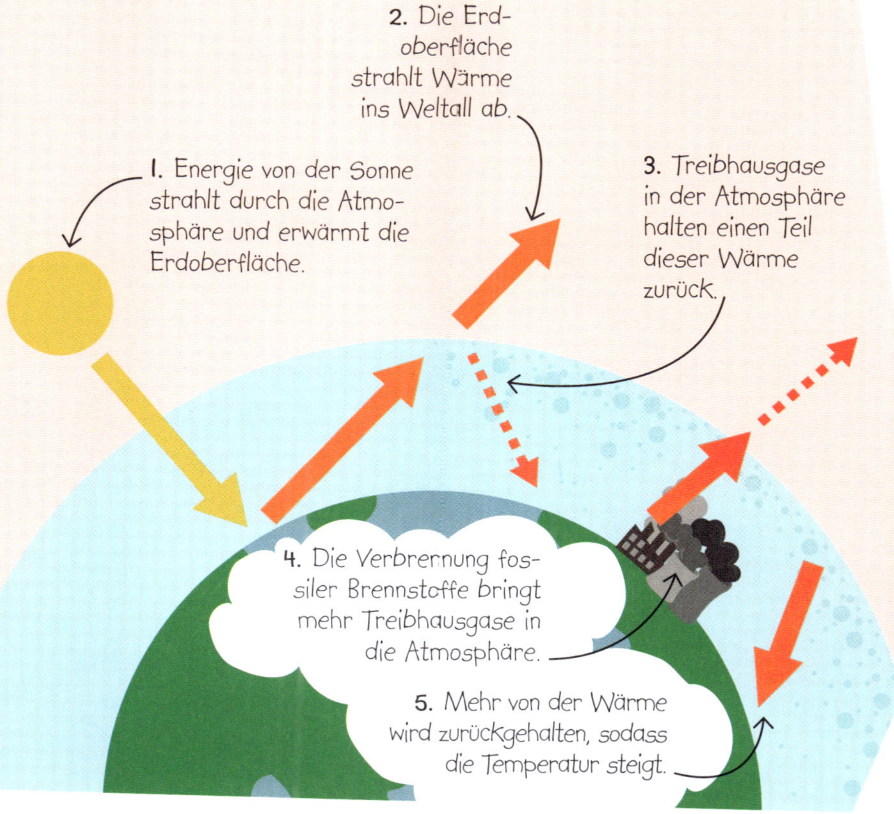


## GEOWISSENSCHAFTEN IM ALLTAG

Ein wichtiger Bereich der Geowissenschaften erforscht die Auswirkungen menschlicher Aktivitäten auf die Umwelt. Wenn wir herausfinden, wo Menschen die Umwelt schädigen, z. B. durch Verschmutzung, und Wege finden, besser mit den Ressourcen der Welt umzugehen, können wir besser im Einklang mit dem Planeten leben.

Überfischung und Umweltverschmutzung bedrohen die Lebewesen im Meer und den Zustand der Ozeane.

Energie kann man aus den Gezeiten gewinnen. Diese natürliche Energie kann beitragen, den Klimawandel zu begrenzen.

Die Erde enthält viele Rohstoffe, von Metallen bis hin zu Edelsteinen, aber auch fossile Brennstoffe (Kohle, Öl und Gas), die man zur Energiegewinnung verbrennt.

Die Geowissenschaften haben unser Verständnis von Erdbeben verbessert. Das hat Leben gerettet und Gebäude in gefährdeten Gebieten sicherer gemacht.

# WIRD ES MORGEN REGNEN?

Das Wetter kann ziemlich wechselhaft sein, aber seit Jahrhunderten versuchen Menschen, es vorherzusagen. Ob man einen Ausflug plant, Getreide ernten oder sich auf einen Sturm einstellen will, die Wettervorhersage hilft uns jeden Tag. Dazu müssen an möglichst vielen Orten die Windmuster beobachtet und Regenmenge, Temperatur und Luftdruck gemessen werden – in der Wettervorhersage steckt sehr viel Arbeit!

**1** Seit Jahrhunderten haben Bauern und Bäuerinnen in Korea die Regenmenge gemessen, um die Wettermuster zu erkennen. Zu wissen, wann es regnen könnte, half ihnen, das ganze Jahr über möglichst viele gesunde Pflanzen anzubauen.

**2** Sie maßen die Tiefe von Pfützen, um festzustellen, wie viel Regen bei einem Schauer gefallen war. Das war zwar nützlich, gab aber nur eine Schätzung, die nicht sehr genau war.

**WUSSTEST DU DAS?**

### Regenmesser

Moderne Regenmesser funktionieren ebenso wie *Cheugugis*. Ein Regenmesser ist ein Zylinder mit einer Skala in Millimetern. Wenn das Wasser im Zylinder nach einem Regen 1 mm hochsteht, notiert man diesen Wert als Regenmenge.

**3** Im Jahr 1441 bauten Erfinder auf Anweisung des Königs ein Gerät zur genauen Messung der Regenmenge, das *Cheugugi*. Es hatte ein eisernes Rohr, damit das Wasser nicht wegspritzte.

**4** Hielt man einen Maßstab ins Wasser, ergab das ein genaues Maß der Regenmenge. *Cheugugis* wurden in ganz Korea verteilt und die Gelehrten konnten genaue Daten der Regenmengen aufzeichnen, was der dortigen Landwirtschaft half.

**INTERESSANT!**

**Vorausplanen**

Genaue Wettervorhersagen sind auch für die heutige Landwirtschaft enorm wichtig. Wenn schlechtes Wetter droht, muss man das so früh wie möglich wissen, um etwa die Ernte rechtzeitig einbringen zu können.

# FEUCHTIGKEIT

Die Luftfeuchtigkeit ist ein Maß für die Menge an Wasserdampf in der Luft. Im alten China maß man die Luftfeuchtigkeit, indem man ein Stück Holzkohle wog. Bei feuchtem Wetter nimmt die Kohle den Wasserdampf auf und wird schwerer. Bei trockenem Wetter verdunstet das Wasser und die Kohle wird leichter. Typischerweise ist die Luftfeuchtigkeit an warmen, trockenen Tagen gering und an kalten, feuchten Tagen sehr hoch.

# SONNE ODER REGEN?

Das Gewicht der Luft der Erdatmosphäre drückt auf alles mit einer Stärke, die man Luftdruck nennt. Ein hoher Luftdruck ist ein Zeichen für schönes, sonniges Wetter. Dagegen kann ein tiefer Luftdruck Regen, Wind oder sogar Sturm ankündigen. 1644 erfand der Italiener Evangelista Torricelli das Quecksilberbarometer, das erste Instrument, das den Luftdruck genau messen konnte.

# DU BIST DRAN!

## BAU EINEN REGENMESSER

Du kannst dein eigenes *Cheugugi* aus einer Plastikflasche basteln. Schneide den oberen Teil ab. Klebe dann ein Lineal an der Seite fest oder kopiere mit einem Permanentstift die Skala auf die Flasche. Fülle etwas Wasser in die Flasche, bis es zur Nulllinie steht. Stecke den oberen Flaschenteil umgekehrt als Trichter auf. Lass es draußen im Regen stehen und lies ab, wie hoch das Wasser steht.

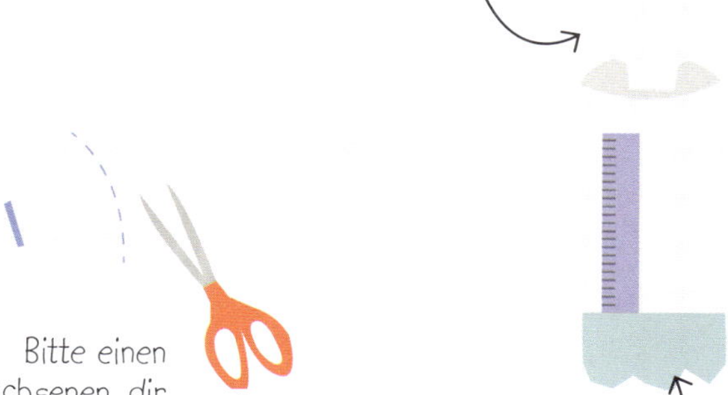


# HEISS ODER KALT?

Die Temperatur ist ein Maß dafür, wie heiß oder kalt etwas ist. Der polnisch-deutsche Wissenschaftler Daniel Fahrenheit erfand das Quecksilberthermometer – das erste Instrument, das Temperaturen zuverlässig messen konnte. Quecksilber dehnt sich beim Erwärmen aus, sodass es in der Glasröhre aufsteigt. Fahrenheit erfand auch eine Temperaturskala, die nach ihm benannt ist und heute noch in den USA verwendet wird.

Wenn es kälter wird, zieht sich das Quecksilber zusammen.

# WETTERVORHERSAGE

Wetterstationen und Wettersatelliten in Erdumlaufbahnen sammeln Daten über die Luftfeuchtigkeit, den Luftdruck, die Temperaturen, die Regenmengen und andere Merkmale der Atmosphäre. Die Daten werden dann in leistungsfähige Supercomputer gespeist, auf denen Wettermodelle laufen: Komplexe Computerprogramme, die berechnen, wie sich das Wetter entwickelt. Moderne Modelle können das Wetter eine Woche im Voraus mit einer Genauigkeit von 80 % berechnen.

Die Linien heißen Isobaren. Sie zeigen die Orte gleichen Luftdrucks.

Einfache Symbole zeigen, welches Wetter an verschiedenen Orten zu erwarten ist.

# WO BEFINDEST DU DICH GERADE?

Seit Urzeiten haben Menschen örtliche Landmarken genutzt, um sich in ihrer Umgebung zurechtzufinden. Aber um weiter reisen zu können, mussten sie bestimmen können, wo sie sich befanden, um sicher zum Ziel zu gelangen. Mit der Zeit entwickelten sie schlaue Methoden, um ihre Breite (wie weit nördlich oder südlich) und Länge (wie weit westlich oder östlich) herauszufinden.

**1** Menschen auf der ganzen Welt erkannten, dass man den Breitengrad mithilfe des Nachthimmels messen kann. Während die meisten Sterne über den Himmel zu wandern scheinen, steht Polaris, der Polarstern, immer an der gleichen Stelle. Seine Höhe über dem Horizont hängt vom Standpunkt auf der Erde ab.

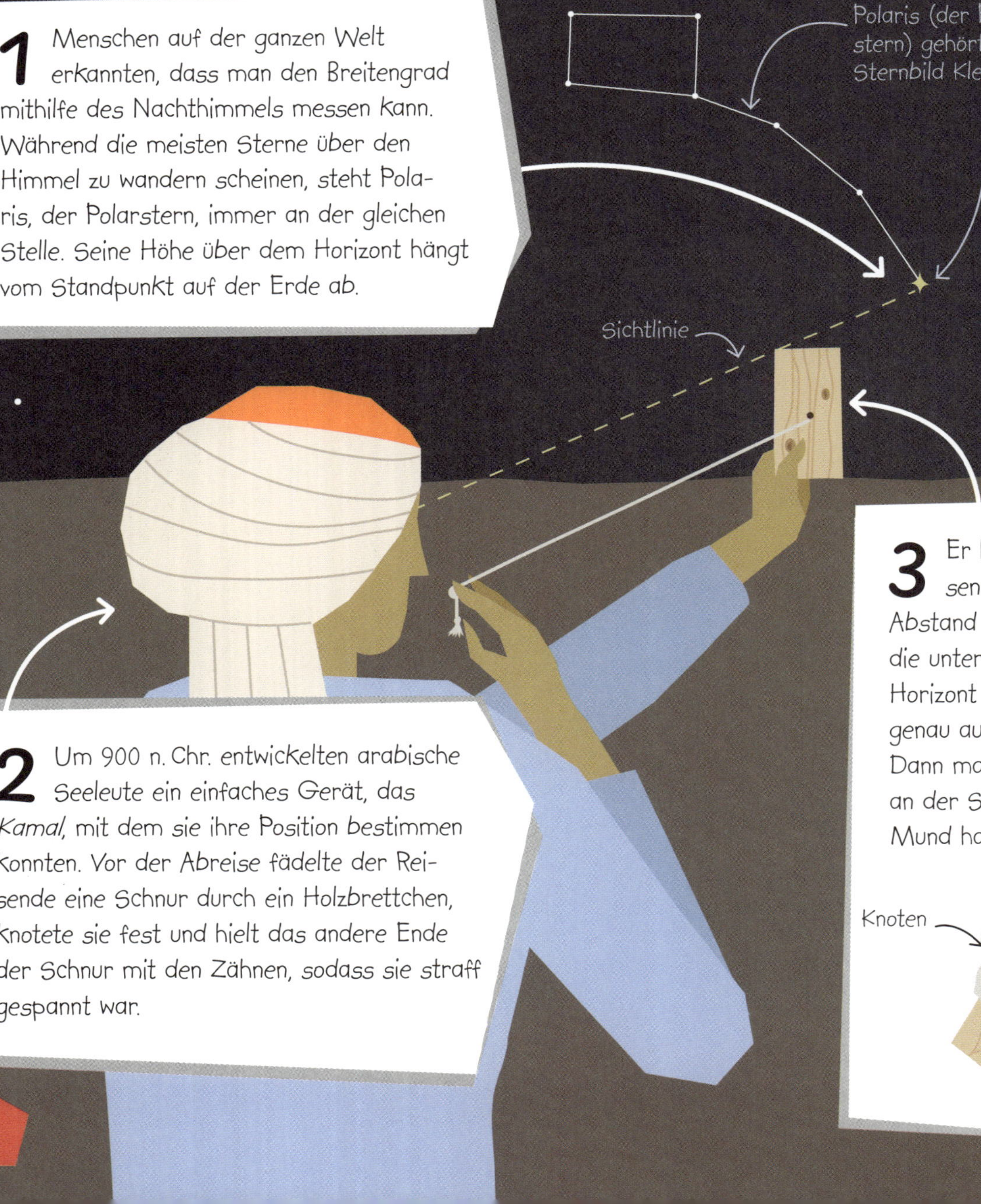


**2** Um 900 n. Chr. entwickelten arabische Seeleute ein einfaches Gerät, das *Kamal*, mit dem sie ihre Position bestimmen konnten. Vor der Abreise fädelte der Reisende eine Schnur durch ein Holzbrettchen, knotete sie fest und hielt das andere Ende der Schnur mit den Zähnen, sodass sie straff gespannt war.

**3** Er hielt das Brettchen senkrecht in einem Abstand vor sich, sodass die untere Kante genau am Horizont lag und Polaris genau auf der oberen Kante. Dann machte er einen Knoten an der Stelle, die er im Mund hatte.

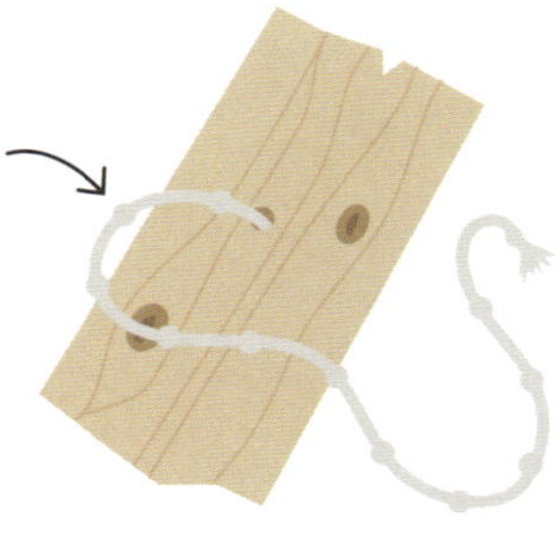

**WUSSTEST DU DAS?**

## Polaris und der Breitengrad

Polaris ist sehr nützlich, um den Breitengrad zu bestimmen, weil er ziemlich genau über dem Nordpol steht und seine Lage am Himmel deshalb auch nicht ändert, während sich die Erde dreht. Am Äquator (also der Breite 0°) steht er genau am Horizont – er steht umso höher am Himmel, je weiter nördlich du dich befindest, bis er am Nordpol (also 90°N) senkrecht über dir steht. Leider funktioniert diese Methode nicht auf der Südhalbkugel, weil es genau über dem Südpol keinen auffälligen Stern gibt.

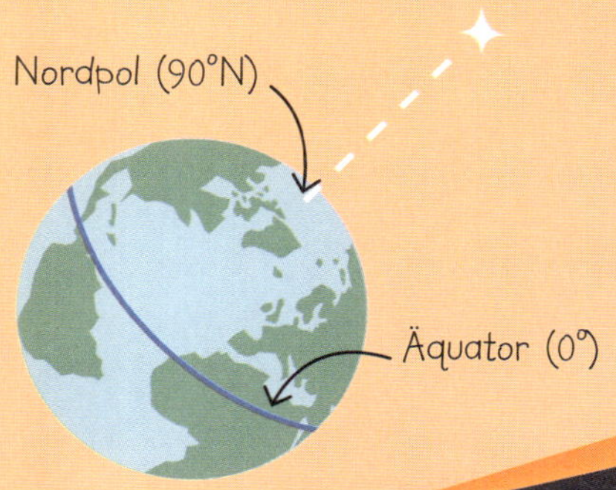

Am neuen Ort steht Polaris höher am Himmel. Der Reisende muss sich also nach Norden bewegt haben.

**4** Wenn der Reisende einen neuen Ort erreichte, machte er mit dem *Kamal* eine neue Messung, indem er das Brettchen näher oder weiter entfernt hielt, bis es wieder auf den Horizont und Polaris ausgerichtet war. Dann machte er einen neuen Knoten für die neue Position.

**5** Reisende machten viele Knoten in ihr *Kamal* als Markierung für wichtige Orte. Wenn sie sich verirrten, nahmen sie einen der Knoten zwischen die Zähne und konnten dann sehen, ob der Polarstern bei dieser Schnurlänge über oder unter der Oberkante des Brettchens stand. So wussten sie, ob sie nördlich oder südlich des bekannten Orts waren, der diesem Knoten entsprach.

**INTERESSANT!**

### Der Sextant

Mit der Zeit entwickelten Seeleute immer bessere Geräte, um die Breite zu messen. Ein Sextant konnte den Winkel zwischen dem Horizont und der Sonne oder einem Stern mit einer Skala genau messen, sodass Seeleute daraus ihre Position genau bestimmen konnten.

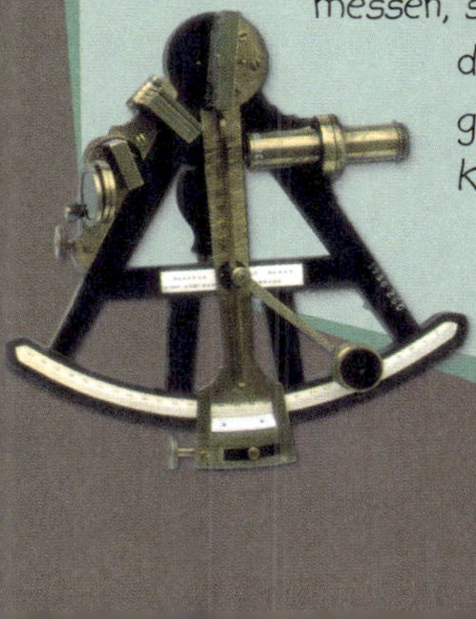

# BERECHNUNG DES LÄNGENGRADS

Im 18. Jahrhundert hatte der Handel auf den Weltmeeren drastisch zugenommen. Doch Seeleute hatten ein Problem: Wenn sie ihre Position nicht kannten, konnten sie sich verirren und Schiffbruch erleiden. Um den Längengrad zu bestimmen, braucht man aber die genaue Zeit. Große Forscher wie Galileo Galilei und Edmund Halley hatten versucht, astronomische Himmelsereignisse dafür zu nutzen, aber der englische Uhrmacher John Harrison fand 1728 die Lösung: eine genau gehende Uhr.

**1** Harrison wusste, dass die Erde rotiert: Sie dreht sich um 360° am Tag. Ein Tag hat 24 Stunden, daher dreht sie sich pro Stunde um 15°. Wenn man 15° nach Westen reist, steht dort also die Sonne eine Stunde später am höchsten. Daher ist die Ortszeit an verschiedenen Orten unterschiedlich.

$$360° / 24 = 15°$$

**2** Wie kann also ein Schiff mitten im Meer den Längengrad bestimmen? Die Antwort ist: durch Zeitmessung. Die Seeleute wussten immer, wann es nach ihrer Ortszeit Mittag war, weil dann die Sonne am höchsten am Himmel steht. Wenn sie dann auch die genaue Zeit an einem anderen Vergleichsort wussten (meist wurde dazu die Zeit in London genommen), dann konnten sie aus dem Unterschied ungefähr ihren Längengrad berechnen.

**INTERESSANT!**

**Satellitennavigation**
Heute nutzen wir ein Netz von Satelliten in Erdumlaufbahnen – und komplizierte Mathematik –, um genau zu bestimmen, wo wir sind. Bei Satellitennavigationssystemen wie dem europäischen Galileo und dem US-amerikanischen GPS (*Global Positioning System*) senden Satelliten im All Signale zu einem Empfangsgerät (z. B. ein Smartphone), das daraus auf wenige Meter genau berechnet, wo es sich befindet.

**3** Harrisons Ziel war es, eine Schiffsuhr zu bauen, die trotz der Temperaturunterschiede und der ständigen Bewegung des Schiffs weder vor- noch nachging, sodass die Seeleute sicher sein konnten, dass sie immer die genaue Vergleichszeit von London anzeigte.

**4** Schließlich präsentierte er 1759 sein Meisterwerk, bei dem er den komplexen Mechanismus für die genaue Zeitmessung in einem Instrument kaum größer als eine Taschenuhr untergebracht hatte. Bei ihrer Jungfernfahrt nach Jamaika ging Harrisons Marinechronometer nach 81 Tagen nur um 5 Sekunden nach. Das Längenproblem war gelöst!

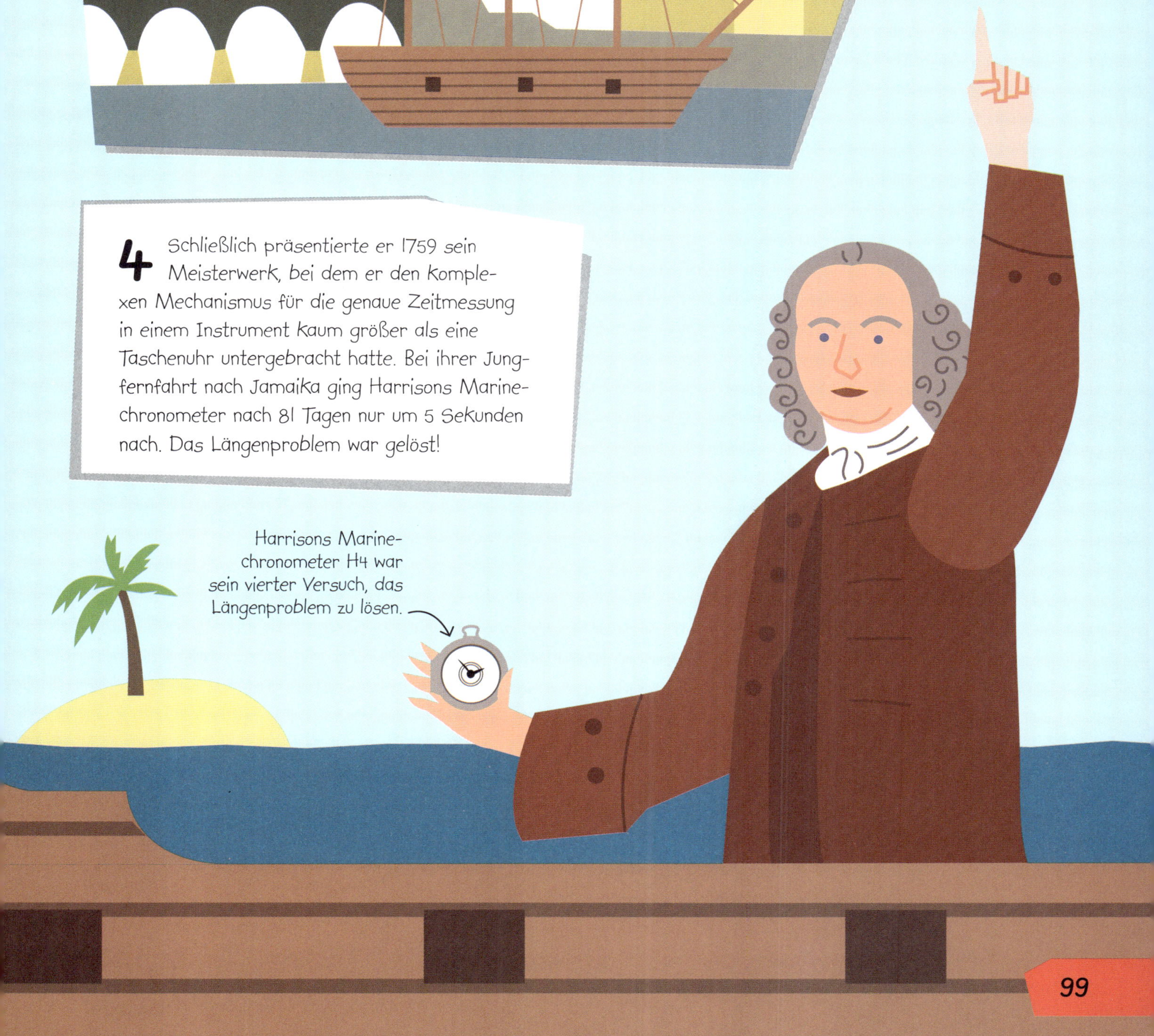

# WIE MAN BOMBEN STOPPT

Die meisten Atome sind stabil, aber einige seltene Sorten sind radioaktiv: Ihre Kerne zerfallen und geben gefährliche Strahlung ab. Radioaktive Stoffe nutzt man zur Behandlung von Krebs und zur Stromerzeugung, aber sie bauen sich nur schwer ab, daher sind sie auch so lange gefährlich. In den 1950er-Jahren, als immer mehr Atomwaffen in scheinbar abgelegenen Weltgegenden getestet wurden, erkannte eine japanische Wissenschaftlerin, dass die radioaktiven Reste den ganzen Pazifik zu vergiften drohten.

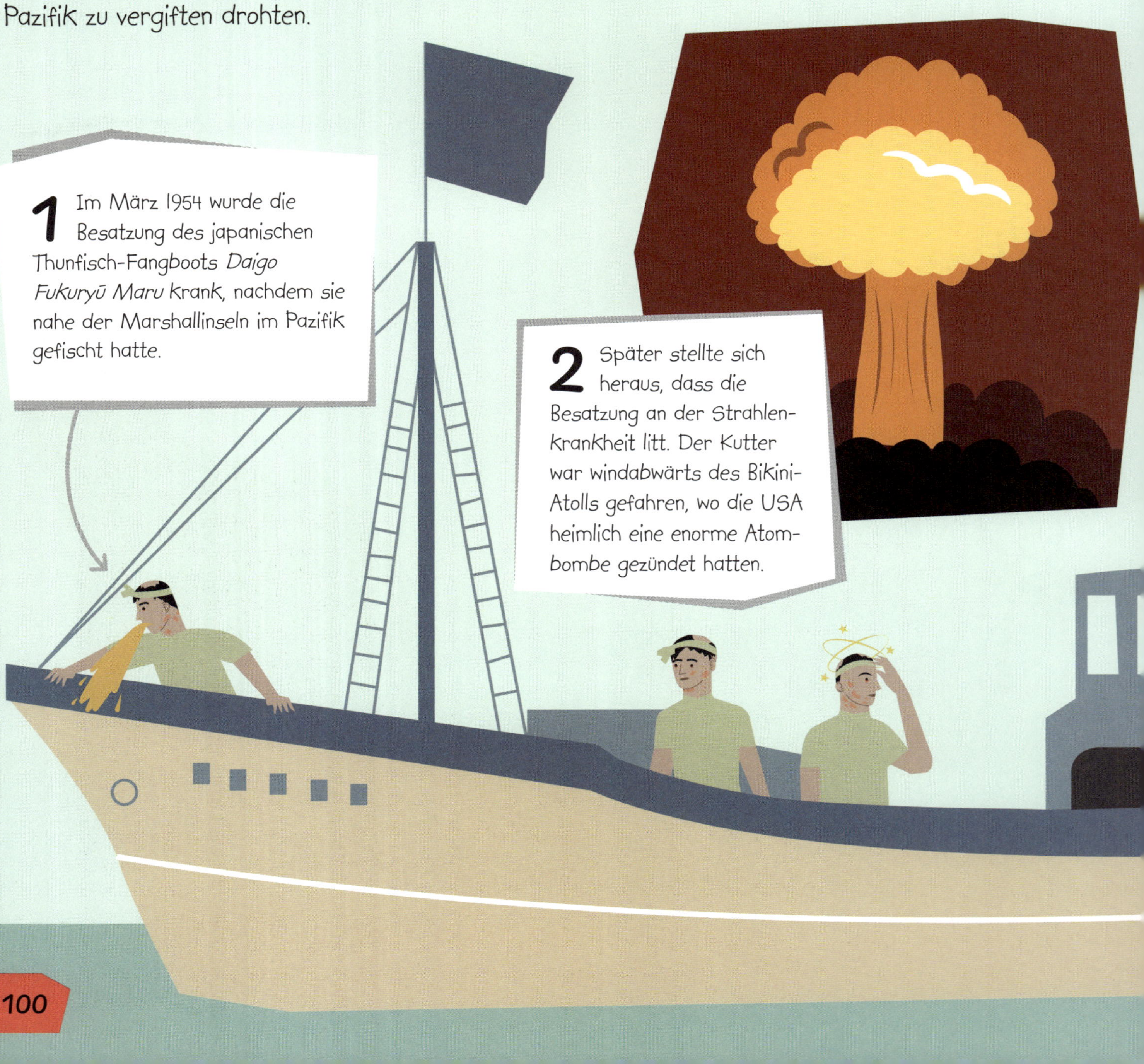

**1** Im März 1954 wurde die Besatzung des japanischen Thunfisch-Fangboots *Daigo Fukuryū Maru* krank, nachdem sie nahe der Marshallinseln im Pazifik gefischt hatte.

**2** Später stellte sich heraus, dass die Besatzung an der Strahlenkrankheit litt. Der Kutter war windabwärts des Bikini-Atolls gefahren, wo die USA heimlich eine enorme Atombombe gezündet hatten.

**3** Die japanische Regierung beauftragte die Wissenschaftlerin Katsuko Saruhashi zu erforschen, wie sich der Fallout (die radioaktiven Niederschläge) der Bombe im Pazifikraum verbreitet hatte. Sie entdeckte, dass die Meeresströmungen den Fallout im Uhrzeigersinn durch den Pazifik trieben und dieser sich an bestimmten Orten konzentrierte. Sie erkannte auch, dass, – wenn man nichts dagegen unternehme – viele der Meerestiere im Pazifik geschädigt würden oder gar aussterben könnten.

**4** Saruhashis Arbeit führte zu enormen Verwerfungen zwischen Japan und den USA. Die USA mussten die geheimen Waffentests im Pazifik zugeben. Bald darauf einigten sich die USA und andere Länder, keine Atomwaffentests im Meer, in der Luft oder im Weltraum durchzuführen.

### Das steckt dahinter

## RADIOAKTIVITÄT

Einige Atomsorten sind instabil, d. h. ihre Kerne können jeden Moment zerfallen. Beim Kernzerfall wird eine große Menge Energie als Strahlung frei, die man ionisierende Strahlung oder (umgangssprachlich) radioaktive Strahlung nennt. Sie besteht aus schnellen Teilchen oder elektromagnetischen Wellen wie das Licht, aber mit höherer Energie.

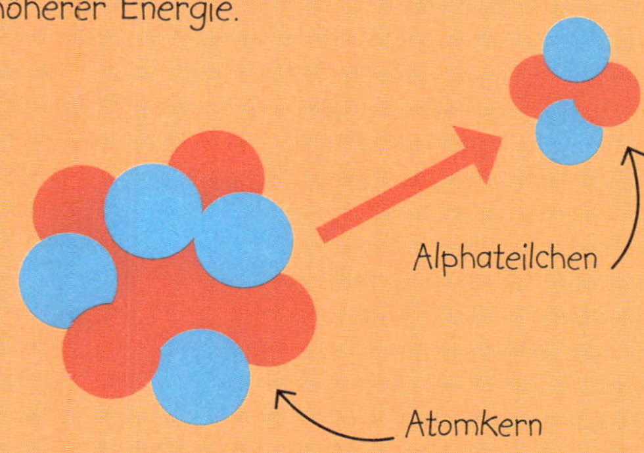


Es gibt drei Haupttypen: Alpha-, Beta- und Gammastrahlen. Alphastrahlen sind Teilchen, die Materie kaum durchdringen – selbst die Haut hält sie ab. Betateilchen dringen weiter ein. Dagegen sind Gammastrahlen elektromagnetische Wellen, die den Körper leicht durchdringen.

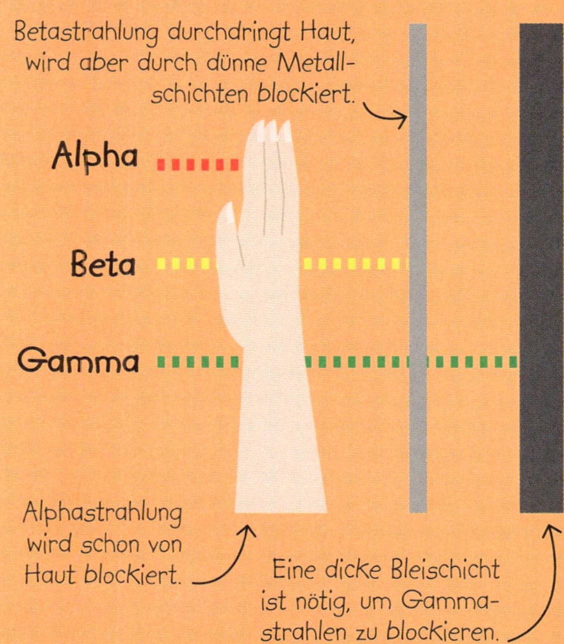

# ATOMWAFFEN

Atombomben sind die zerstörerischsten Waffen der Welt und wurden bisher nur zweimal im Krieg eingesetzt. Sie beruhen entweder auf Kernspaltung, also der Spaltung von Atomkernen in kleinere Kerne, oder auf Kernfusion, bei der kleine Atomkerne durch hohen Druck zu größeren verschmelzen (fusionieren). In beiden Fällen werden enorme Energiemengen frei, die eine riesige Explosion ergeben. Fusionsbomben, auch Wasserstoffbomben genannt, sind viel stärker als Spaltungsbomben, aber Spaltungsbomben erzeugen viel mehr radioaktiven Fallout.

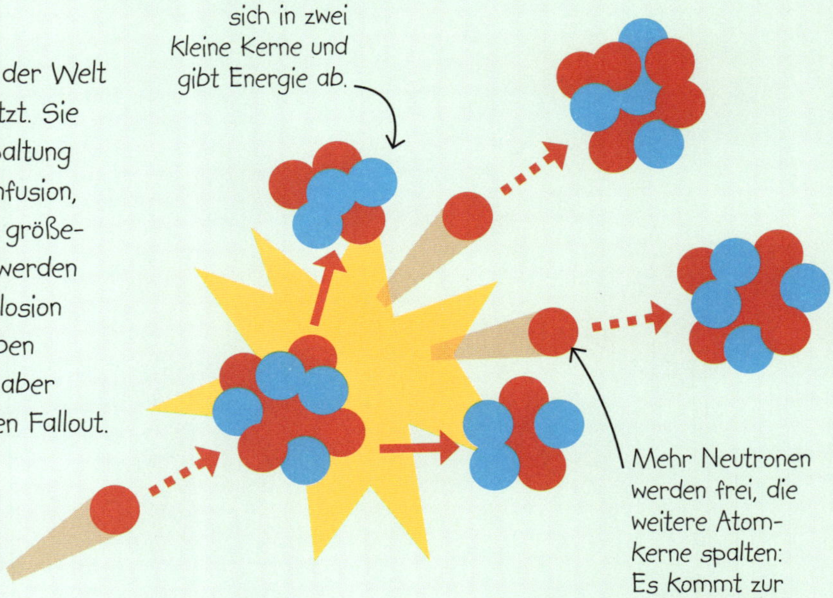


# KERNENERGIE

Kernkraftwerke nutzen die Wärme, die bei der Kernspaltung entsteht, um elektrischen Strom zu erzeugen. Anders als Atombomben steuert man die Kernspaltungsreaktion sorgfältig. Dazu befindet sich zwischen den Brennstäben ein Material, das Neutronen absorbiert (aufnimmt). Kernenergie hat Vor- und Nachteile. Sie erzeugt keine Treibhausgase wie Kohlendioxid, aber der Abfall eines Kernreaktors bleibt Tausende Jahre radioaktiv und muss tief im Untergrund sicher gelagert werden.

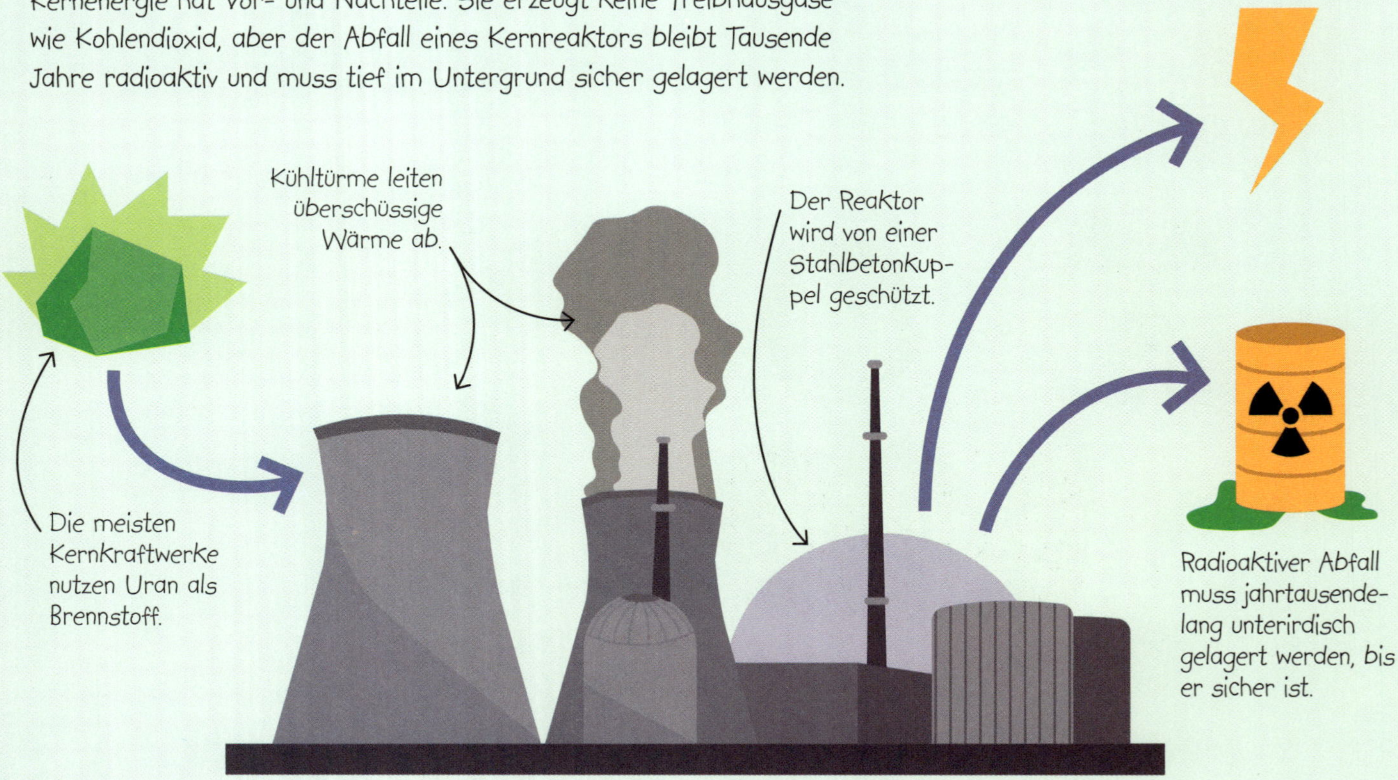

# RADIOTHERAPIE

Radioaktive Strahlung kann Krebs verursachen, aber auch zur Heilung genutzt werden. Diese Behandlung, die Radiotherapie, schädigt die DNA der Krebszellen, sodass sie sich nicht weiter teilen und wachsen können. Bei der Behandlung werden mehrere Strahlen mit Gammastrahlung so auf den Körper von Erkrankten gerichtet, dass sie sich alle im Tumor (dem Krebsgeschwür) treffen. So wird der Tumor einer hohen Dosis ausgesetzt, das umgebende gesunde Gewebe aber nur jeweils einem der Strahlen. Die Radiotherapie schädigt auch einige gesunde Zellen von Erkrankten, aber das gilt als akzeptables Risiko angesichts des Nutzens.

**WUSSTEST DU DAS?**

**Radioaktive Notizbücher**

Die polnisch-französische Chemikerin Marie Curie starb 1934 an den Folgen ihrer bahnbrechenden Arbeit zur Radioaktivität. Noch heute sind ihre Notizbücher so radioaktiv, dass man sie nicht anfassen darf.

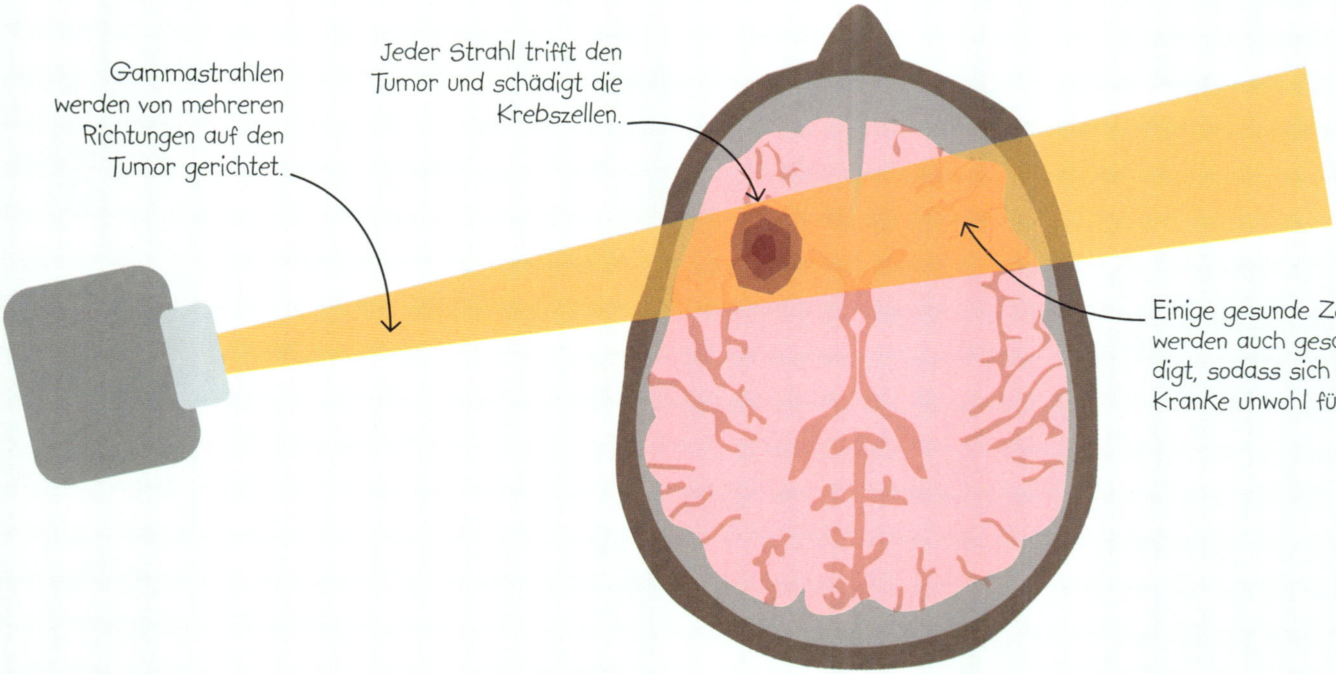


**INTERESSANT!**

**Korallenbleiche**

Katsuko Saruhashi half nicht nur, den Pazifik vor Radioaktivität zu schützen, sondern maß auch als eine der Ersten den Kohlendioxidgehalt im Meerwasser. Heute wissen wir, dass die Zunahme des Kohlendioxidgehalts das Meerwasser saurer macht. Dies ist einer der Gründe, warum Korallen an vielen Orten ausbleichen (weiß werden) und sterben.

# GENIES DER GEO-FORSCHUNG

Die Erde sah nicht immer so aus wie heute und sie wird sich ständig weiter verändern. Auch unser Wissen über die Veränderungen auf unserem einzigartigen Planeten hat sich über viele Jahrhunderte weiterentwickelt: Von der Erkenntnis, wodurch Gebirge und Ozeane entstehen, bis zur Fähigkeit der Wettervorhersage.

## ERDBEBEN!

Der Chinese Zhang Heng erfand das erste Gerät zum Nachweis von Erdbeben. Es hatte acht Drachenköpfe über froschförmigen Behältern. Erdbebenwellen ließen ein Pendel im Inneren schwingen, was über Hebel einen der Drachenköpfe öffnete, sodass eine Kugel herauskam und in einen Frosch fiel. Das zeigte die Richtung des Erdbebens.

um 350 v. Chr.

132 n. Chr.

um 1000

## WARUM ES REGNET

Der antike griechische Philosoph Aristoteles gilt als Erster, der herausfand, wie Regen entsteht. Er argumentierte richtig, dass die Sonnenwärme Wasser verdunsten lässt und der Dampf in die Atmosphäre aufsteigt. Durch die Kälte kondensiert er dann wieder und fällt als Niederschlag (Regen oder Schnee).

## BERGE VERSETZEN

Als er die Gebirge Zentralasiens erforschte, dachte der persische Gelehrte Ibn Sina (in Europa Avicenna genannt) darüber nach, wie sie entstanden sein könnten. Er meinte, entweder hätten Erdbeben plötzlich Land vom Meeresboden angehoben, oder die Erosion hätte langsam Gesteine abgetragen und so Täler geschaffen. Beide Mechanismen kommen tatsächlich vor.

## MESSUNG DER TEMPERATUR

Kurz nachdem Daniel Fahrenheit das Thermometer erfunden hatte, entwickelte der schwedische Astronom Anders Celsius eine neue Temperaturskala. Er experimentierte mit dem Gefrier- und Siedepunkt von Wasser und brauchte eine Skala zwischen diesen beiden Werten. Er entschied sich, den Bereich in hundert Grade zu teilen, weshalb die Skala zunächst als „hundertteilige" oder „centigrade" (Latein für „hundert Schritte") Skala bekannt wurde. Etwa 200 Jahre nach seinem Tod nannte man sie ihm zu Ehren Celsius-Skala.

Auf seiner ursprünglichen Skala markierte Celsius den Siedepunkt als 0 und den Gefrierpunkt als 100, aber bald wurde die Skala umgedreht.

1742

## URALTE ERDE

Nach den Berichten der Bibel glaubten viele Menschen, die Erde sei nur ein paar Tausend Jahre alt. Der französische Naturforscher Comte de Buffon erklärte, die Existenz von Fossilien zeige, dass sie viel älter sei – vielleicht Millionen von Jahren. Er unterschätzte das wahre Alter, aber seine nichtbiblische Erklärung der Naturgeschichte war für seine Zeit revolutionär und startete eine lange Debatte.

1749

1088

## VON FOSSILIEN LERNEN

Der chinesische Wissenschaftler Shen Kuo erkannte als einer der Ersten, dass sich das Klima verändern kann. Ein Hangrutsch nahe seines Hauses in Yanzhou legte einen Wald aus versteinerten Bambussprossen frei. Shen Kuo wusste, dass Bambus in so trockenem Klima nicht wachsen kann. Daraus schloss er, dass die Verhältnisse in Yanzhou irgendwann in der Vergangenheit ganz anders gewesen sein mussten. So hatte er die bahnbrechende Erkenntnis, dass sich das Klima im Lauf der Zeit verändern kann.

### WUSSTEST DU DAS?

**Rivalisierende Theorien**

Im späten 18. Jahrhundert herrschte in der Wissenschaftswelt ein bitterer Streit um zwei konkurrierende Theorien. Eine Seite meinte, Veränderungen der Erdoberfläche geschehen nur plötzlich, durch Katastrophen wie große Fluten. Andere argumentierten, dass sie langsam über lange Zeiten ablaufen. Diese Seite hatte letztlich recht und ihre Ideen beeinflussten das Werk von Charles Darwin.

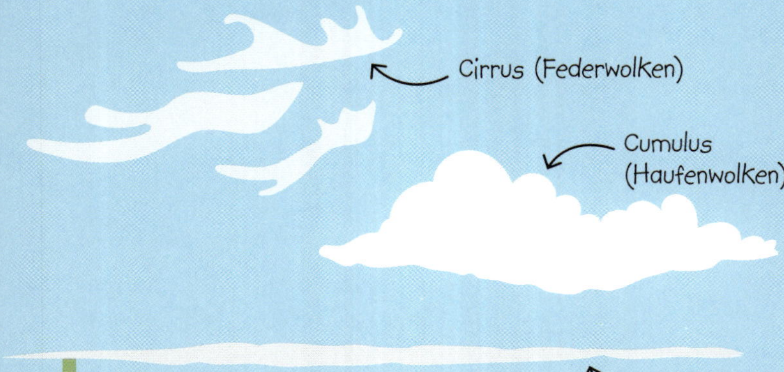


## IN DEN WOLKEN

Bis zum 19. Jahrhundert dachte die Forschung nicht viel über Wolken nach. Aber sie waren eine Leidenschaft des englischen Amateurwetterbeobachters Luke Howard, der viel Zeit damit verbrachte, sie zu zeichnen. Die wiederkehrenden Formen inspirierten ihn, sie in drei Grundtypen einzuteilen. Später kamen weitere Namen für Zwischenformen hinzu.

## PANGÄA

Der deutsche Forscher Alfred Wegener schlug vor, dass vor 335 bis 175 Millionen Jahren alle heutigen Kontinente eine einzige Landmasse bildeten, die er Pangäa nannte. Sie sei dann durch eine Drift der Kontinente zerbrochen. Den Vorgang nennt man heute Plattentektonik. So erklärte er auch, wieso ähnliche Tiere auf entfernten Kontinenten vorkommen.

1802 1846 1912 1913

## SEISMISCHE WELLEN

Der Ire Robert Mallet fand eine Lösung für ein Rätsel, das die Wissenschaft lange beschäftigt hatte: Wodurch entstehen Erdbeben? Er erkannte, dass sie die Folge von Gesteinsbewegungen im Untergrund sind. Sie erzeugen Schwingungen, die sich zur Erdoberfläche ausbreiten. Er nannte diese Erdbebenwellen „seismische Wellen".

## GESTEINSDATIERUNG

Durch die Erforschung der Rate, mit der in Gesteinen das radioaktive Element Uran zu Blei zerfallen war, konnte der englische Geologe Arthur Holmes berechnen, dass die Erde mindestens 1,6 Milliarden Jahre alt sein musste. Darauf aufbauend bestimmte die Forschung in den 1950er-Jahren das wahre Alter: 4,6 Milliarden Jahre.

## ASTEROIDENEINSCHLAG

Wie verschwanden die Dinosaurier? Der US-amerikanische Physiker Luis Walter Alvarez und sein Sohn Walter fanden Hinweise, dass vor 66 Millionen Jahren ein 9 km großer Asteroid im Golf von Mexiko einschlug. Das löste Erdbeben und Tsunamis aus und schleuderte Staub in die Atmosphäre, der das Sonnenlicht über ein Jahr lang blockierte. Ohne Licht starben die Pflanzen und daraufhin dürften die Dinosaurier verhungert sein.

## FESTER KERN

Ursprünglich dachte man, der Metallkern der Erde sei flüssig. Bei der Erforschung seismischer Wellen (Erdbebenwellen) erkannte die dänische Seismologin Inge Lehmann, dass der kugelförmige Kern der Erde tatsächlich aus zwei Schichten besteht: einem flüssigen äußeren Kern und ganz im Mittelpunkt ein zuvor unbekannter innerer Kern aus festem Eisen und Nickel.

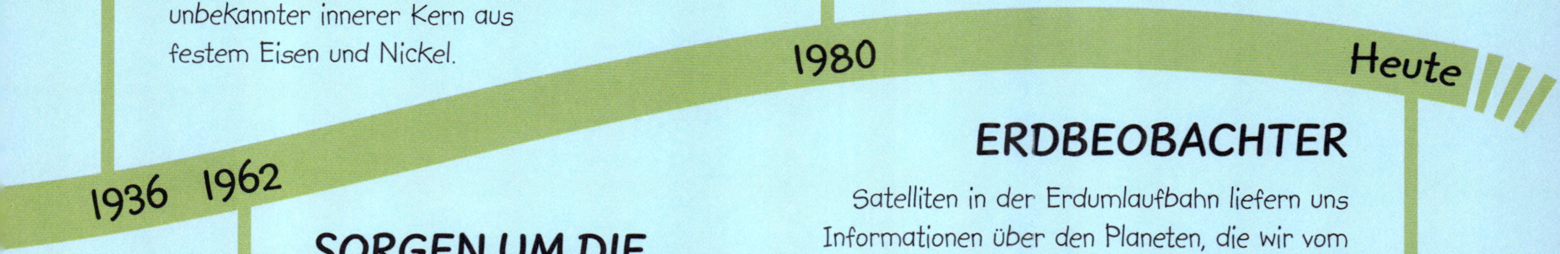


## SORGEN UM DIE UMWELT

Rachel Carson, eine US-amerikanische Biologin, entdeckte, dass der intensive Einsatz von Schädlingsbekämpfungsmitteln in der Landwirtschaft den Boden und das Wasser vergiftete, sodass Vögel und andere Tiere starben. Mit ihrem einflussreichen Buch *Der stumme Frühling* machte sie die Schäden, die die Menschheit der Umwelt zufügt, in der Öffentlichkeit bekannt. Ihr Werk gilt heute als der Beginn der Umweltbewegung.

## ERDBEOBACHTER

Satelliten in der Erdumlaufbahn liefern uns Informationen über den Planeten, die wir vom Boden aus nicht sammeln könnten. Mit ihnen erkennen wir die Folgen des Klimawandels, weil sie die Veränderung von Gasen wie Ozon und Kohlendioxid in der Atmosphäre messen. Sie senden Bilder zurück, die uns bei der Bekämpfung von Gefahren helfen und etwa sich ausbreitende Waldbränden oder abnehmende Eisflächen zeigen. Mit ihren Daten können wir auch immer bessere Wettervorhersagen machen.

WOZU

# WELTRAUM-WISSENSCHAFTEN?

Die Weltraumwissenschaften erweitern ständig die Grenzen dessen, was wir für möglich halten. Noch vor 100 Jahren glaubten Wenige, dass Menschen jemals den Mond betreten würden. Heute gibt es Roboter auf dem Mars und man plant, bald Astronauten und Astronautinnen dort landen zu lassen. Wissenschaftler und Wissenschaftlerinnen nähern sich sogar einer der größten Fragen der Menschheit: Sind wir alleine im Universum?

# WOZU WELTRAUM-WISSENSCHAFTEN?

Wie entstand das Universum? Hat es auch ein Ende? Könnte es Leben außerhalb unserer Welt geben? Das sind große Fragen und genau das, was die Weltraumwissenschaft erforscht. Es ist ein aufregendes, sich schnell entwickelndes Thema. Jedes Jahr lernen wir mehr und mehr über das Universum und nebenbei entstehen neue Technologien, von Satelliten bis hin zu Schutzausrüstungen, die unsere Welt verändert haben.

## WORUM GEHT ES?

Die Weltraumwissenschaften erforschen das Universum – das größte Labor der Welt! Diese Disziplin, die Astronomie und Raumfahrt umfasst, ist sowohl sehr alt als auch sehr neu. Schon früheste Generationen vor uns sahen die Mondphasen und schufen Kalender und die mittelalterliche Astronomie studierte die Bahnen der Planeten. Heute bringen die Weltraumwissenschaften viele Bereiche – Astronomie, Physik, Chemie, Biologie, Informatik, Ingenieurwesen und Mathematik – zusammen, um das Universum und unsere Stellung in ihm zu erforschen.

Ein Komet ist ein Brocken aus schmutzigem Eis und Gas im Umlauf um die Sonne.

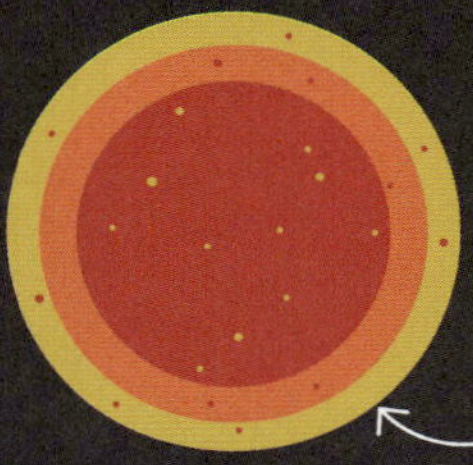

Das Licht der Sonne gibt die Energie für das Leben auf der Erde, und unser Planet umkreist sie.

Ein Asteroid ist ein Brocken Gestein oder Metall, der (wie alles im Sonnensystem) die Sonne umkreist.

## WAS HAT ES MIT LICHTJAHREN AUF SICH?

Entfernungen im Weltraum sind so groß, dass wir besondere Einheiten wie das Lichtjahr brauchen, um sie zu messen. Ein Lichtjahr ist die Strecke, die Licht in einem Jahr zurücklegt, also etwa 9,5 Billionen Kilometer! Weil die Objekte im Weltall so weit weg sind, braucht ihr Licht sehr lange, bis es die Erde erreicht.

**Die Erde ist etwa 8,3 Lichtminuten von der Sonne entfernt, unserem Stern.**

**Es sind etwa 4,3 Lichtjahre zu Proxima Centauri, dem nächstgelegenen Stern.**

**Es sind rund 430 Lichtjahre zu Polaris, auch Polarstern genannt.**

Der Mond ist der einzige große natürliche Körper, der die Erde umkreist. Er leuchtet, weil er Licht von der Sonne reflektiert.

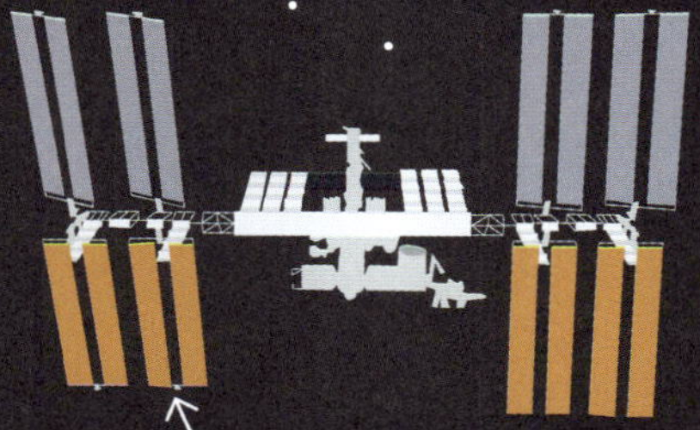

Die Internationale Raumstation (ISS) ist das größte künstliche Objekt im Weltraum. Sie umkreist die Erde 16-mal am Tag.

Um ein Schwarzes Loch herum ist die Schwerkraft so stark, dass nichts entkommen kann - nicht einmal Licht.

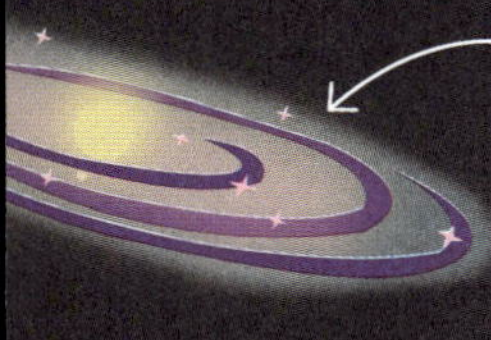

Eine Galaxie ist eine Ansammlung von Milliarden Sternen, die durch ihre Schwerkraft gebunden sind. Es gibt im All Milliarden Galaxien.

Raumsonden reisen weit außerhalb der Erdumlaufbahn ins Weltall. Sie haben keine Besatzung.

# RAUMFAHRT IM ALLTAG

Der Weltraum ist ein sehr lebensfeindlicher Ort mit extremen Temperaturen, keinem Sauerstoff und starker Strahlung. Eine ganze Menge Forschung von einigen sehr schlauen Leuten war nötig, um die Raumfahrt möglich zu machen. Dabei entwickelten sie allerlei wunderbare Erfindungen, von denen viele heute unseren Alltag auf der Erde verbessern.

Mit Techniken zur Trinkwasseraufbereitung, die die US-Weltraumagentur NASA entwickelt hat, reinigt man heute Wasser in Entwicklungsländern.

Der Bedarf an kleinen, aber leistungsfähigen Computern für Raumfahrtmissionen führte zu den leichten Laptops und anderen Geräten unseres Alltags.

Aus Geweben, die für Raumanzüge entwickelt wurden, macht man heute feuerfeste Schutzbekleidung für Feuerwehrleute.

Die winzigen Digitalkameras in unseren Handys haben wir der NASA zu verdanken, die Wege gefunden hat, Kameras bei gleicher Bildqualität kleiner zu machen.

**Es sind etwa 26 000 Lichtjahre bis zum Zentrum der Milchstraße.**

**Es sind etwa 2,5 Mio. Lichtjahre bis zur Andromedagalaxie, der nächstgelegenen Nachbargalaxie.**



**Es sind etwa 13,4 Mrd. Lichtjahre bis zur entferntesten bekannten Galaxie, die GN-z11 heißt.**

# FLUG INS WELTALL

Die ersten Raketen – Feuerwerksraketen, die um 1000 n. Chr. in China erfunden wurden – konnten hoch in den Himmel fliegen. Aber erst im 20. Jahrhundert entwickelte die Weltraumwissenschaft Raketen, die so stark waren, dass sie das Weltall erreichten. Das ermöglichte es der Menschheit, mehr über das Sonnensystem (und den ganzen Weltraum) herauszufinden, als man sich je hätte träumen lassen.

**1** Im Jahr 1903 veröffentlichte der russische Mathematiker Konstantin Ziolkowski die „Raketengrundgleichung". Sie zeigte, dass eine Rakete mit Flüssigtreibstoff im Prinzip stark genug beschleunigen kann, um der Erdanziehung zu entkommen und die Umlaufbahn zu erreichen.

**2** 1926 startete der US-Amerikaner Robert Goddard die erste Rakete mit Flüssigtreibstoff. Sie verbrannte Benzin und Flüssigsauerstoff und schoss 12,5 m in die Höhe, bevor sie nach 2,5 Sekunden wieder zu Boden stürzte.

## Das steckt dahinter

### FLUCHTGESCHWINDIGKEIT

Die Schwerkraft der Erde zieht alles um den Planeten herum zu sich. Um dieser Anziehung zu entkommen, muss sich ein Objekt sehr schnell bewegen: schneller als die sogenannte „Fluchtgeschwindigkeit". Raketen müssen sehr viel Treibstoff verbrennen, um die unglaublich große Fluchtgeschwindigkeit zu erreichen.

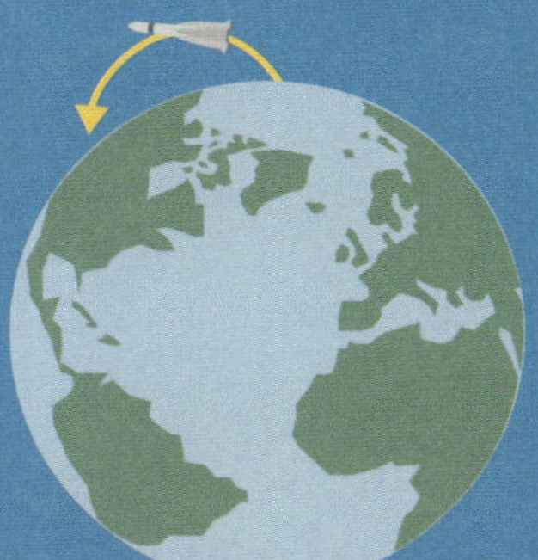

**Zurück zur Erde**

Alles – vom Tennisball bis zum Raumschiff –, das nicht schnell genug ist, fällt aufgrund der Schwerkraft des Planeten wieder zur Erde.

Die Rakete von Sputnik hatte einen glatten schützenden Kegel an der Spitze, der sich im Weltraum vom Satelliten löste.

Nachdem er sich von der Rakete gelöst hatte, umkreiste der winzige Sputnik die Erde alle 96 Minuten.

Um die zentrale Raketenstufe saßen vier Startraketen, die abgeworfen wurden, sobald sie ausgebrannt waren, damit die Rakete leichter wird und stärker beschleunigt.

Die Verbrennung des Flüssigtreibstoffs erzeugt Gase, die die Rakete ins All treiben.

**3** In den 1950er-Jahren konkurrierten in der Raumfahrt die USA und die Sowjetunion (UdSSR), die beide als erste Nation den Weltraum erreichen wollten. Die UdSSR gewann: Sie startete 1957 eine Rakete, die stark genug war, den winzigen Satelliten Sputnik ins All zu schicken. Endlich hatte etwas von Menschen Gemachtes unseren Planeten verlassen, und viele wissenschaftliche Forschungen wurden möglich.

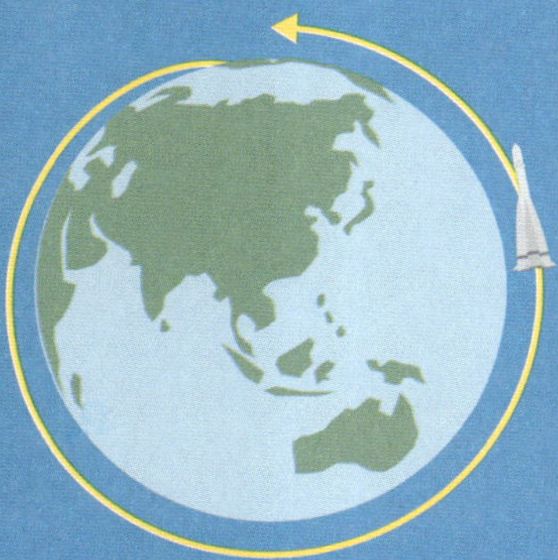

**Erdumlaufbahn**
Wenn ein Raumschiff mit 27 000 km/h fliegt, erreicht es den Weltraum, aber die Schwerkraft ist noch stark genug, es auf einer Umlaufbahn um die Erde zu halten, so wie bei Sputnik.

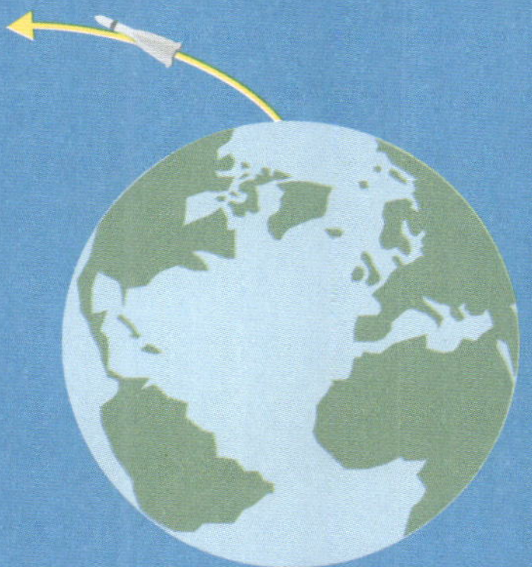

**Entkommen**
Wenn es schneller als 40 000 km/h ist, kann das Raumschiff der Schwerkraft der Erde entkommen und fliegt ins Sonnensystem hinaus.

# SCHWERKRAFT, MASSE UND GEWICHT

Alle Materie hat Schwerkraft, aber nur bei sehr massereichen Körpern wie Planeten und Sternen ist sie stark genug, um andere Objekte deutlich zu beeinflussen. Die Masse ist die Menge von Materie eines Objekts. Je mehr Masse es hat, desto größer ist seine Schwerkraft. Das Gewicht gibt an, wie stark die Schwerkraft an einem Gegenstand zieht. Deshalb würde ein Astronaut oder eine Astronautin an verschiedenen Orten im Sonnensystem unterschiedlich viel wiegen – je massereicher ein Planet ist, desto stärker ist seine Schwerkraft und umso stärker wird eine Person angezogen, sodass ihr Gewicht auf dem Planeten größer ist.

## WUSSTEST DU DAS?

**Was macht die Schwerkraft?**
Die Erdschwerkraft bewirkt, dass ein Ball fällt, wenn wir ihn werfen: Die Schwerkraft zieht den Ball zum Zentrum der Erde hin. Durch die Schwerkraft stehen wir fest auf dem Boden und sie hält den Mond in seiner Umlaufbahn.

# RAUMKRÜMMUNG

Man versteht die Ursachen der Schwerkraft noch nicht genau, aber Albert Einstein erkannte, dass sie durch die „Krümmung" des Raums entsteht. Nach seiner Allgemeinen Relativitätstheorie erzeugen schwere Körper eine Krümmung im Raum, eine Art Delle, die andere nahe Körper anzieht. Schwerere Körper erzeugen eine stärkere Krümmung, sodass ihre Schwerkraft stärker ist.

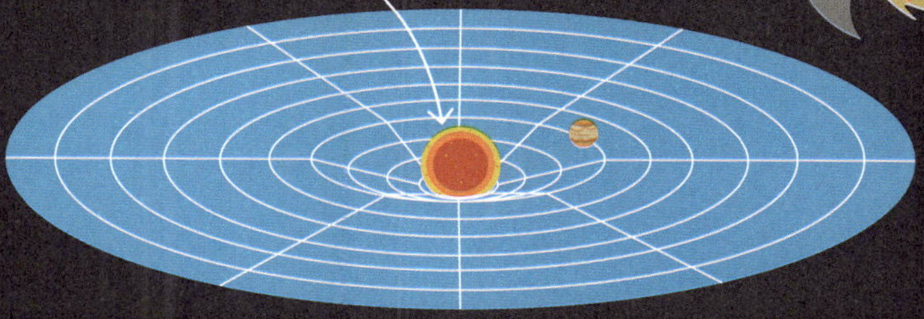


# VORBEISCHWUNG

Raumschiffe und Raumsonden haben nur begrenzt Treibstoff. Eine Methode, um ihn einzusparen, ist eine Schwerkraftumlenkung, auch Vorbeischwungmanöver oder *Swing-by* genannt. Dazu lenkt man das Raumschiff nahe an einem Planeten vorbei, sodass dessen Schwerkraft es beschleunigt oder abbremst, ohne dabei wertvollen Treibstoff zu verbrauchen.

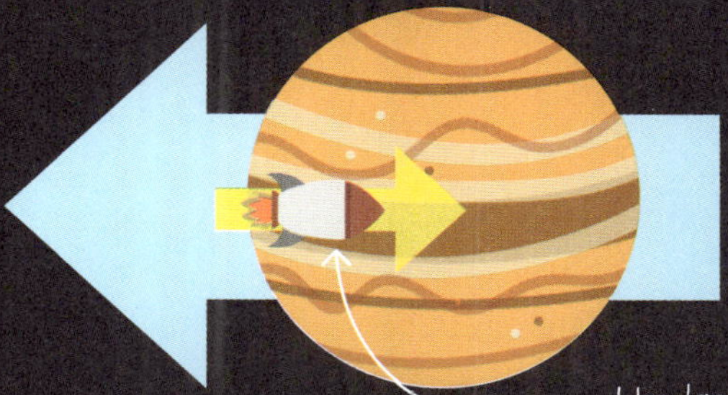

**INTERESSANT!**

**Juno-Mission**

2013 machte die NASA-Sonde Juno ein Vorbeischwungmanöver an der Erde. Es gab ihr auf dem Weg zum Jupiter fast so viel Beschleunigung wie der ursprüngliche Raketenstart zwei Jahre zuvor. Sie erreichte den Riesenplaneten 2016.

# WIE ALLES ANFING

Mitte des 20. Jahrhunderts stritten sich intelligente Köpfe der Wissenschaft darüber, wie das Universum begonnen hatte. Manche glaubten, es habe seit je existiert, andere meinten, seine Existenz habe mit einem „Urknall" in einer enormen Explosion begonnen. Die beiden Lager konnten sich nicht einigen, bis zwei Wissenschaftler zufällig eine unglaubliche Entdeckung machten.

**1** Im Jahr 1964 erforschten die beiden US-Amerikaner Arno Penzias und Robert Wilson mit einer riesigen Antenne in New Jersey (USA) die Radiosignale aus unserer Galaxie. Doch sie erhielten seltsame zischende Hintergrundgeräusche, die wie Radiostörungen klangen und ihre Messungen störten.

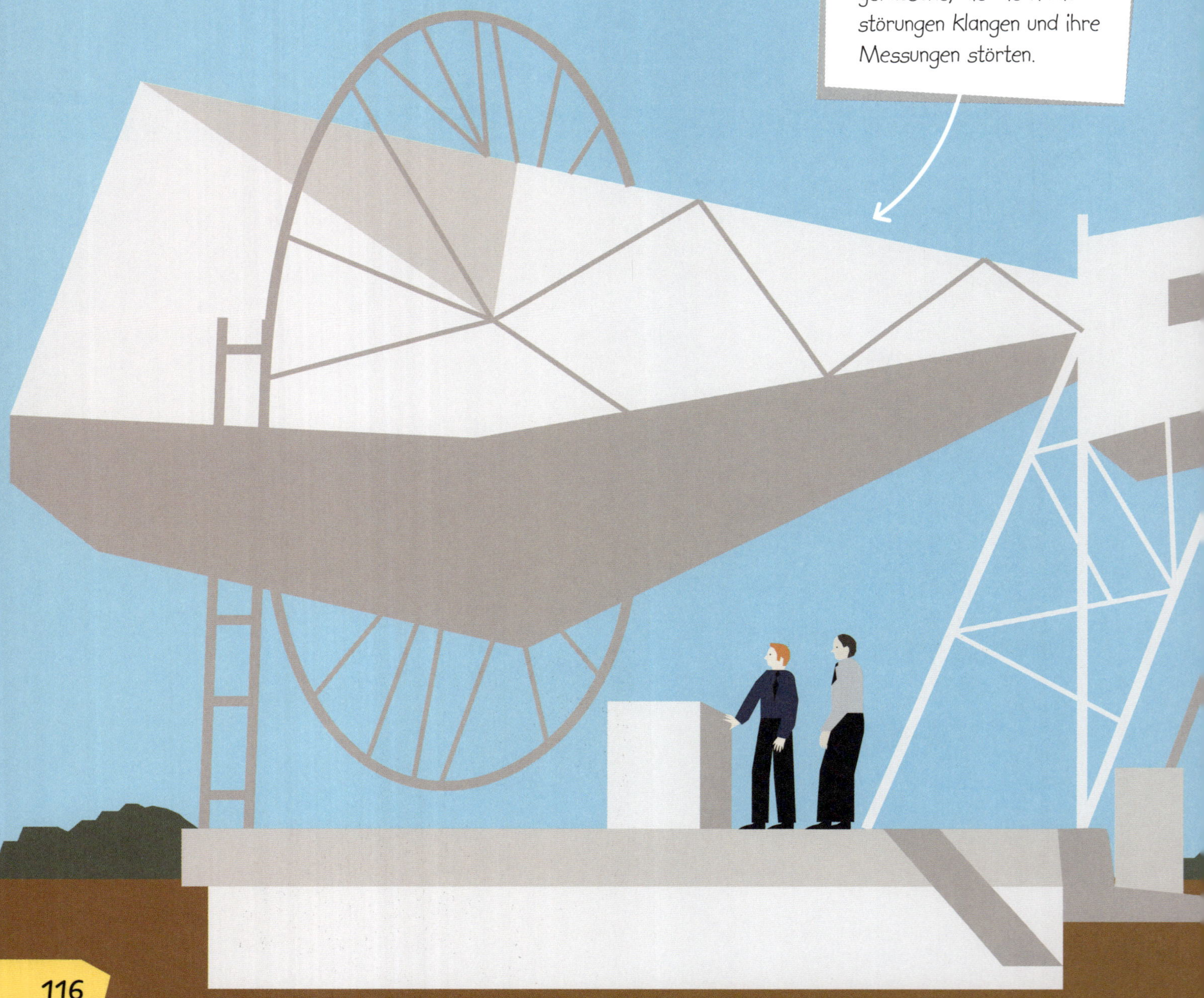

**2** Egal, wohin sie die Antenne richteten, selbst auf den leeren Weltraum, empfingen sie das Signal. Da sich eine Taubenfamilie in der Antenne eingenistet hatte, überlegten sie sogar, ob der Taubendreck zu Störungen führte. Also entfernten sie das Nest und putzten die Antenne, aber das Störsignal war immer noch da.

**3** Die beiden Männer waren ratlos, aber dann entdeckten sie eine interessante Theorie eines Kollegen, Robert Dicke, und luden ihn zu einem Treffen ein. Gemeinsam erkannten sie etwas Unglaubliches: Der Zischton war tatsächlich die Strahlung, die vom Anfang des Universums übrig war – vom Urknall!

### Das steckt dahinter

## KOSMISCHE MIKROWELLEN-HINTERGRUNDSTRAHLUNG

Die Strahlung, die die riesige Antenne empfangen hatte, heißt Kosmische Mikrowellenhintergrundstrahlung. Die Astronomie geht davon aus, dass sie das Glühen ist, das vom Urknall übrig ist. Die Entdeckung bestätigte Robert Dickes Theorie: Wenn es den Urknall gab, muss er Spuren von Wärmestrahlung im ganzen Universum hinterlassen haben.

Das Bild zeigt Temperaturvariationen der Hintergrundstrahlung in alle Richtungen des Universums.

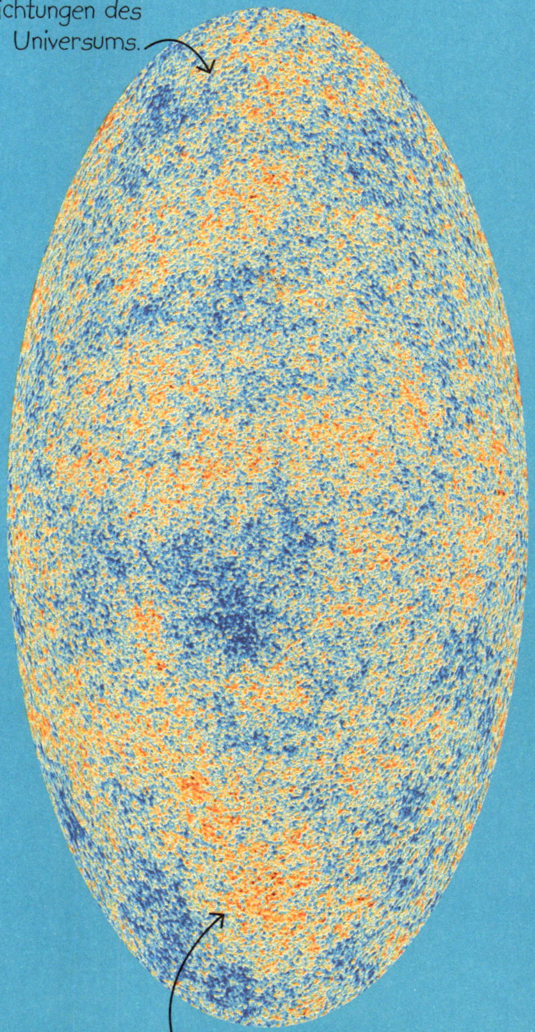

Rot repräsentiert Gebiete, die wärmer als der Durchschnitt sind, und blau sind kühlere Regionen.

# WIE ALLES ENTSTAND

Nach der Urknalltheorie begann das Universum vor 13,8 Milliarden Jahren. Alles in ihm war in einen winzigen Punkt gepackt. In einer riesigen Explosion – dem Urknall – dehnte es sich plötzlich in einem winzigen Augenblick gewaltig aus, sodass das uns bekannte Universum entstand. Seither hat es sich immer weiter ausgedehnt (wenn auch nicht so schnell wie am Anfang).

Die kosmische Mikrowellenhintergrundstrahlung, das Nachglühen des Urknalls, stammt aus dieser Zeit.

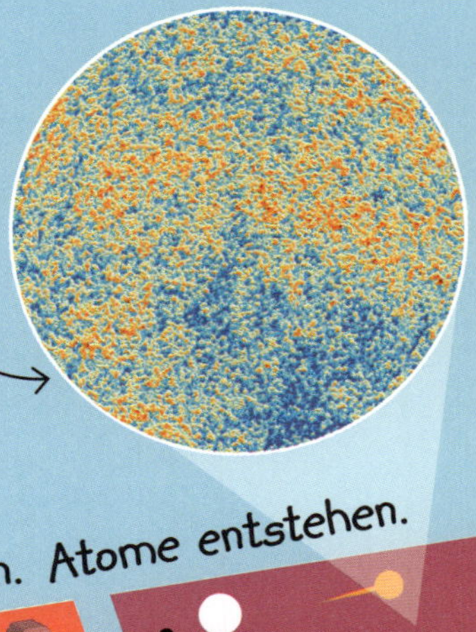

Mit dem Urknall begann die Ausdehnung des Universums.

Im Bruchteil einer Sekunde dehnte sich das Universum gewaltig aus.

Als es sich ausdehnte, kühlte das Universum auch ab. Materie – aus der alles besteht – bildete sich.

Nach etwa einer Sekunde bildeten sich die subatomaren Teilchen: Protonen und Neutronen.

Nach etwa 380 000 Jahren verbanden sich Protonen, Neutronen und Elektronen zu Atomen.

# UNSER PLATZ IM UNIVERSUM

Unsere Sonne ist einer der mindestens 100 Milliarden Sterne, die unsere Galaxie, die Milchstraße, bilden. Galaxien haben verschiedene Formen – die Milchstraße ist eine Spiralgalaxie mit mehreren „Armen", die sich spiralförmig vom Zentrum nach außen erstrecken. Unser Sonnensystem liegt in einem kleineren Arm, dem Orion-Arm.

Die Erde ist der dritte Planet des Sonnensystems.

Nach etwa 100 Mio. Jahren zogen sich Wolken aus Gas zusammen und bildeten die ersten Sterne.

Etwa 250 Mio. Jahre nach dem Urknall bildeten sich die ersten Galaxien.

Das Universum dehnt sich immer noch aus und kühlt dabei ab.

**WUSSTEST DU DAS?**

**Zu weit weg**

Das Universum dehnt sich immer noch aus, und zwar immer schneller. Alles entfernt sich voneinander. Ferne Sterne sind schon so weit von der Erde weg, dass ihr Licht die Erde niemals erreichen kann und wir nichts über sie erfahren können.

## WIE KÖNNTE ALLES ENDEN?

Vielleicht verliert die Ausdehnung des Universums irgendwann ihren Schwung und es wird wieder in sich zusammenfallen. Diese Theorie nennt man *Big Crunch* („Großes Zusammenkrachen"). Vielleicht wird dann nach dem *Big Crunch* aus dem winzigen, extrem dichten Materiepunkt ein neues Universum geboren.

Das Universum zieht sich zu einem Punkt zusammen.

Ein neues Universum entsteht.

# TOP IN WELTRAUM-FORSCHUNG

Seit der Antike haben Menschen zum Himmel geblickt und überlegt, was jenseits unserer Welt liegt. Von der Kartierung der Sterne bis hin zum Start von Satelliten und Sonden haben wir immer mehr über fremde Welten gelernt und die Grenzen dessen erweitert, was wir für möglich hielten.

1395

## STERNKARTE

Aus Korea stammt die Cheonsang Yeolcha Bunyajido, eine genaue Karte des Nachthimmels. Sie zeigt 1467 Sterne und definiert 264 Sternbilder – imaginäre Figuren, die man sich vorstellt, wenn man mehrere Sterne mit Linien verbindet.

7. Jh. n. Chr.

## STERNWARTE IN KOREA

In Gyeongju, der Hauptstadt des Königreichs Silla im heutigen Korea, entstand eine Sternwarte, die man Cheomseongdae nannte. Der Name bedeutet „Sternbeobachtungsplattform", denn damit ließ sich der Nachthimmel besser beobachten. Cheomseongdae ist eine der ältesten Sternwarten, die heute noch erhalten ist.

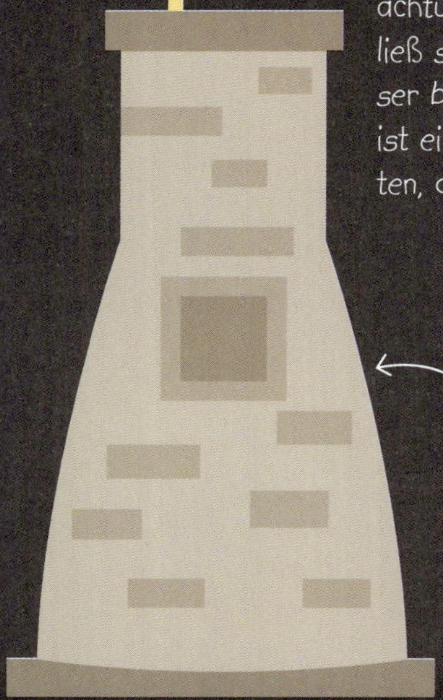

Der Turm wurde aus 365 Steinen gebaut – einen für jeden Tag des Jahres.

1420

## ULUGH BEG

Der Astronom Ulugh Beg, der auch ein Herrscher des zentralasiatischen Timuridenreichs war, errichtete eine dreistöckige Sternwarte in Samarkand (im heutigen Usbekistan). Sie wurde 1449 zerstört, aber ein Teil eines riesigen Sextanten (ein Hilfsmittel zur Bestimmung der Position von Sternen) ist noch erhalten.

## STERNWARTE VON TAQI AD-DIN

Der Mathematiker und Astronom Taqi ad-Din gründete ein Observatorium in Konstantinopel (heute Istanbul), der Hauptstadt des Osmanischen Reichs. Zwar stand es nur wenige Jahre, dürfte aber damals eines der größten der Welt gewesen sein.

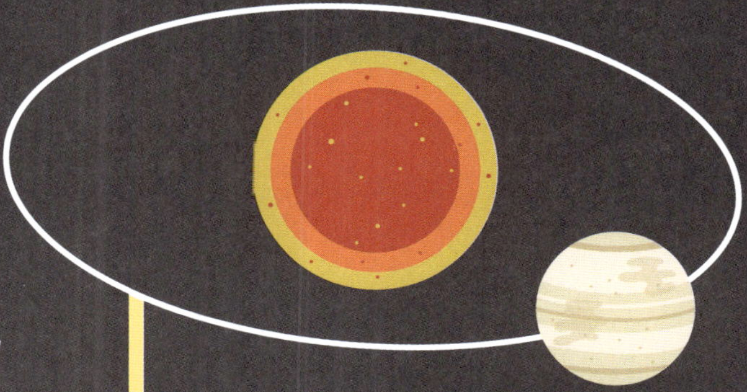

## ELLIPSEN

Der deutsche Mathematiker und Astronom Johannes Kepler veröffentlichte seine Gesetze der Planetenbewegung. Demnach laufen die Planeten auf Ellipsen (ovalen Bahnen) um die Sonne, und man kann ihre Geschwindigkeit an verschiedenen Punkten auf der Bahn berechnen.

1543

1577

1609

1610

## BAHN UM DIE SONNE

Der polnische Astronom Nikolaus Kopernikus veröffentlichte die „heliozentrische Theorie", nach der die Sonne (griech.: *helios*) und nicht die Erde im Zentrum des Universums steht und alle Planeten und Sterne um sie kreisen. Obwohl wir heute wissen, dass die Sonne nicht das Zentrum des ganzen Universums, sondern nur das Zentrum des Sonnensystems ist, war seine Theorie dennoch revolutionär, weil sie die damals weitverbreiteten Ansichten infrage stellte.

## JUPITERMONDE

Mit einem Teleskop entdeckte der italienische Astronom Galileo Galilei vier Monde, die den Jupiter umkreisen. Das zeigte, dass nicht alles im Universum die Erde umkreist, ganz wie Kopernikus es erklärt hatte. Das überzeugte Galilei, die heliozentrische Theorie von Kopernikus zu unterstützen.

Galilei machte als einer der ersten Astronomen Beobachtungen mit einem Teleskop.

1912

## PULSIERENDE STERNE

Die US-amerikanische Astronomin Henrietta Swan Leavitt untersuchte pulsierende Sterne (deren Leuchtkraft regelmäßig ab- und zunimmt). Sie fand heraus, dass es einen Zusammenhang zwischen ihrer Helligkeit und der Zeit des Leuchtkraftzyklus' gab. Damit kann man berechnen, wie weit diese Sterne von der Erde entfernt sind.

1964

## ERSTES SCHWARZES LOCH

Seit Jahrzehnten hatte die Wissenschaft die Existenz Schwarzer Löcher vermutet – Regionen im All mit unglaublich starker Schwerkraft, der nichts entkommt. Die Entdeckung von Cygnus X-1 bei einem Raketenflug bewies, dass sie recht hatten. Heute weiß man, dass es ein „stellares Schwarzes Loch" ist, also eines, das durch den Kollaps eines großen Sterns entstanden ist.

1961

## ERSTER IM ALL

Der sowjetische Kosmonaut Juri Gagarin schrieb Geschichte, als er als erster Mensch den Weltraum erreichte. In der Raumkapsel *Wostok I* umkreiste Gagarin die Erde einmal. Sein gesamter Flug dauerte 108 Minuten. Nach dem Wiedereintritt in die Erdatmosphäre verließ er noch in großer Höhe mit dem Schleudersitz die Kapsel und sank mit einem Fallschirm zur Erde zurück.

1967

## RÄTSEL GELÖST

Mit einem riesigen Radioteleskop, an deren Bau sie beteiligt war, fand die nordirische Physikerin Jocelyn Bell Burnell seltsame Radiopulse aus dem Weltall. Sie und ihr Team fanden heraus, dass sie von Neutronensternen stammen, den extrem dichten Überresten massereicher Sterne. Sie rotieren sehr schnell und strahlen dabei Radiowellen ab. Daher nennt man solche Neutronensterne auch Pulsare.

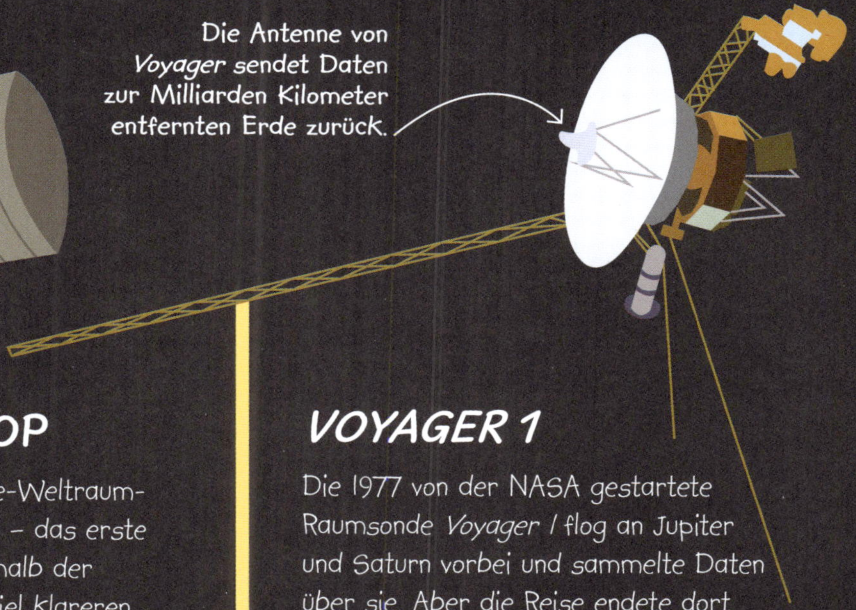


## HUBBLE-TELESKOP

Die NASA brachte das Hubble-Weltraumteleskop in die Erdumlaufbahn – das erste Teleskop im Weltraum. Außerhalb der Erdatmosphäre hat es einen viel klareren Blick aufs Universum, als von der Erdoberfläche möglich wäre. Mit ihm blickten Wissenschaftsteams Milliarden Lichtjahre ins All und fanden neue Planeten, Sterne, Galaxien und andere Phänomene.

## *VOYAGER 1*

Die 1977 von der NASA gestartete Raumsonde *Voyager 1* flog an Jupiter und Saturn vorbei und sammelte Daten über sie. Aber die Reise endete dort nicht – im August 2012 erreichte sie den interstellaren Raum und verließ als erstes menschengemachtes Objekt das Sonnensystem.

1969 1990 2012 2021

## MARSMISSION

Der NASA-Roboter *Perseverance* landete auf dem Mars, um Gesteins- und Staubproben zu sammeln, nach Hinweisen auf früheres Leben zu suchen und um zu testen, ob man aus der Marsatmosphäre Sauerstoff gewinnen kann. Wissenschaftsteams wollen mit diesen Tests mögliche zukünftige Missionen vorbereiten, bei denen die ersten Menschen den Roten Planeten besuchen.

## ERSTE MONDLANDUNG

Acht Jahre nach Juri Gagarins Raumflug betrat der US-Amerikaner Neil Armstrong als erster Mensch den Mond. 19 Minuten später folgte sein Kollege Buzz Aldrin. Auf der Oberfläche stellten sie die Flagge der USA auf, machten Fotos, sammelten Proben des Mondgesteins und des Mondbodens und führten wissenschaftliche Experimente durch, bevor sie sicher zur Erde zurückkehrten.

# STARPARADE

Von der Mathematik zur Mikrobiologie und von der Astrophysik zur Elektrotechnik haben Forschende auf der ganzen Welt unser Wissen über die Welt und das Universum vorangebracht. Die Stars der Wissenschaft auf dieser Seite sind aber nur einige sehr wenige der vielen brillanten Menschen, denen unser Dank gebührt.

## PHYSIK

### JACK KILBY

Der US-amerikanische Elektroingenieur Jack Kilby (1923–2005) entwickelte den ersten Mikrochip oder integrierten Schaltkreis (IC). Seine brillante Erfindung machte elektronische Geräte viel kleiner, billiger und zuverlässiger.

## BIOLOGIE

### ROSALIND FRANKLIN

Die britische Biochemikerin Rosalind Franklin (1920–1958) trug wesentlich zu unserem Verständnis der DNA bei, dem Molekül im Zellinneren, das die Erbinformation codiert.

Sie machte Röntgenaufnahmen von DNA-Molekülen, die ihre Struktur zeigten. Damit konnte die Wissenschaft verstehen, wie Lebewesen genetische Informationen vererben.

### JEAN-JACQUES MUYEMBE-TAMFUM

In den 1970er-Jahren identifizierte der kongolesische Mikrobiologe Jean-Jacques Muyembe-Tamfum (geb. 1942) als einer der Ersten die tödliche Krankheit Ebola. In den 2010er-Jahren führte er ein Team, das eine wirksame Behandlung entwickelte.

## GEOWISSENSCHAFT

### EUNICE NEWTON FOOTE

Als sie Versuche durchführte, wie die Sonnenstrahlen auf verschiedene Gase wirken, entdeckte die US-Amerikanerin Eunice Newton Foote (1819–1888) die Gefahren, die von einer Zunahme von Kohlendioxid in der Erdatmosphäre ausgehen. Sie hatte die Ursache der Erderwärmung erkannt.

## CHEMIE

### PERCY LAVON JULIAN

Percy Lavon Julian (1899–1975) wurde trotz rassistischer Benachteiligung einer der bedeutendsten Chemiker der USA. Es gelang ihm, Medikamente chemisch herzustellen, die man zuvor aus Pflanzen extrahieren musste, was ihre Massenproduktion vereinfachte.

## JAGADISH CHANDRA BOSE

Der Inder Jagadish Chandra Bose (1858–1937) baute ein Gerät zur Übertragung von Radiowellen. Er ließ es aber nicht patentieren, und so konnte der Italiener Guglielmo Marconi den Ruhm für die Erfindung des Radios beanspruchen.

## NERGIS MAVALVALA

Die in Pakistan geborene Astrophysikerin Nergis Mavalvala (geb. 1968) hatte eine wesentliche Rolle in dem Team, das erstmals Gravitationswellen nachwies – Rippeln in der Raumzeit, die durch heftige Ereignisse im Weltall entstehen. Das bestätigte einen wichtigen Teil der Allgemeinen Relativitätstheorie von Einstein.

## MARIO J. MOLINA

Der mexikanische Chemiker Mario J. Molina (1943–2020) entdeckte, dass einige industrielle Chemikalien das Ozon in der Atmosphäre zerstören. Später trug er dazu bei, ein weltweites Abkommen auszuhandeln, das diese Chemikalien verbot, sodass sich die Ozonschicht erholte.

## WANGARI MAATHAI

Die kenianische Umweltschützerin Wangari Maathai (1940–2011) gründete die Grüngürtel-Bewegung, eine Organisation, die die Anpflanzung von über 50 Millionen Bäumen quer durch Afrika angeregt hat, um Umweltschäden zu reparieren.

# WELTRAUMFORSCHUNG

## WALENTINA TERESCHKOWA

1963 flog die sowjetische Kosmonautin Walentina Tereschkowa (geb. 1937) als erste Frau ins All. Dabei führte sie verschiedene Versuche durch, um zu testen, wie der menschliche Körper bei Raumflügen reagiert.

## SUBRAHMANYAN CHANDRASEKHAR

In den 1930er-Jahren berechnete der indische Astrophysiker Subrahmanyan Chandrasekhar (1910–1995), dass Schwarze Löcher tatsächlich entstehen können. Erst 40 Jahre später wurde diese Erkenntnis anerkannt.

## GERTRUDE B. ELION

Die US-amerikanische Chemikerin Gertrude B. Elion (1918–1999) fand einen Weg, Medikamente so zu entwickeln, dass sie Krankheitserreger und Krebszellen direkt angreifen, ohne dabei gesunde Zellen zu schädigen. Ihre Forschungen führten zu wirksamen Behandlungen bei Blutkrebs, Malaria und mehreren Virusinfektionen.

# GLOSSAR

**ALCHEMIE**
Eine frühe Form der Chemie, bei der Gelehrte versuchten, eine schwer fassbare Substanz, den „Stein der Weisen", zu finden, die gewöhnliche Metalle in Gold verwandeln sollte.

**ALLEL**
Eine Version eines Gens, von dem es verschiedene Varianten gibt.

**ANTIBIOTIKUM**
Ein Medikament, das Bakterien tötet.

**ÄQUATOR**
Der gedachte Kreis auf der Erdoberfläche, der die nördliche und südliche Halbkugel trennt.

**ATOM**
Eines der winzigen Teilchen, aus denen alle Materie um uns aufgebaut ist. Atome bestehen selbst aus Protonen, Neutronen und Elektronen.

**BAKTERIEN**
Winzige einzellige Organismen, die eine der Haupttypen von Lebewesen auf der Erde sind.

**BAROMETER**
Ein Gerät zum Messen des Luftdrucks.

**BIOLOGIE**
Die wissenschaftliche Erforschung von Lebewesen.

**BREITE (BREITENGRAD)**
Ein Maß dafür, wie weit nördlich oder südlich vom Äquator man sich befindet.

**CHEMIE**
Die wissenschaftliche Erforschung von Substanzen und auf welche Weise sie sich verändern.

**CHEMISCHE REAKTION**
Ein Vorgang, bei dem die Atome einer oder mehrerer Stoffe neu angeordnet werden, sodass neue Stoffe entstehen.

**DNA**
Ein Kettenmolekül, das die genetische Information in der Zelle speichert; kurz für Desoxyribonukleinsäure (A steht für engl. *acid*, „Säure").

**DRUCK**
Die Menge der Kraft, die auf eine Fläche wirkt.

**ELEKTRIZITÄT**
Ein Energiefluss durch die Bewegung von Elektronen und damit zusammenhängende Phänomene.

**ELEKTRON**
Eines der drei Teilchen, aus denen Atome bestehen. Elektronen bilden eine Hülle um den Atomkern und tragen eine negative Ladung.

**ELEMENT**
Eine reine Substanz, die sich nicht in einfachere Substanzen trennen lässt.

**ENERGIE**
Die Fähigkeit, Veränderungen zu bewirken.

**ERDERWÄRMUNG**
Ein Ansteigen der mittleren Temperatur der Erdoberfläche durch menschliche Aktivitäten. Der Klimawandel ist Folge der Erderwärmung.

**EVOLUTION**
Die langsame Veränderung von Lebewesen als Folge der natürlichen Selektion, durch die sie besser an ihre Umwelt angepasst werden.

**FESTSTOFF**
Eine Substanz mit einer festen Form, in der die Teilchen stark aneinandergebunden sind.

**FLUCHTGESCHWINDIGKEIT**
Die Geschwindigkeit, die ein Objekt haben muss, damit es der Schwerkraft der Erde entkommt und in den Weltraum fliegt.

**FLÜSSIGKEIT**
Eine Substanz, die leicht fließt und ihre Form an den umgebenden Behälter anpasst. Die Teilchen in einer Flüssigkeit sind frei beweglich.

**FOSSIL**
Die Überreste oder Spuren von Lebewesen, die sich im Gestein erhalten haben.

**GALAXIE**
Eine große Ansammlung von Sternen und Gas- und Staubwolken, die durch ihre gegenseitige Schwerkraft zusammengehalten werden. Es gibt Milliarden Galaxien im Universum.

**GAS**
Eine Substanz, die jede Form annehmen kann und jedes Behältnis ganz ausfüllt. In Gasen bewegen sich die Teilchen frei.

**GENE**
Die Informationen in den Zellen von Lebewesen, die von den Eltern an die Nachkommen vererbt werden und deren Merkmale beeinflussen.

**GENETIK**
Die Wissenschaft dessen, wie Gene von den Eltern auf die Nachkommen vererbt werden.

**GEOLOGIE**
Die Erforschung der Gesteine und Mineralien.

**GEOWISSENSCHAFTEN**
Die wissenschaftliche Erforschung der Erde und ihrer Oberfläche und Atmosphäre, von dem griechischen Wort *geos* (Erde) abgeleitet.

**HYGROMETER**
Ein Gerät zur Messung der Luftfeuchtigkeit.

**KERN**
In der Physik ist der Kern (genauer: Atomkern) das Zentrum eines Atoms. Er besteht aus Neutronen und Protonen. In der Biologie ist der Kern (Zellkern) das Kontrollzentrum der Zelle von Lebewesen, das die DNA enthält.

**KLIMAWANDEL**
Eine Veränderung des Klimas durch Aktivitäten des Menschen, u. a. die Erderwärmung.

**KRAFT**
Etwas, das an einem Objekt zieht oder es schiebt. Sie kann die Geschwindigkeit, Bewegungsrichtung oder Form des Objekts ändern.

**LÄNGE (LÄNGENGRAD)**
Ein Maß dafür, wie weit östlich oder westlich du dich befindest. Sie wird vom Nullmeridian gemessen, einer imaginären Linie vom Nordpol zum Südpol durch Greenwich, London (GB).

**LEITER**
Ein Stoff, durch den Wärme oder Elektrizität leicht strömt.

**LICHT**
Eine Energieform, die das Sehen ermöglicht.

**LICHTJAHR**
Die Entfernung, die das Licht in einem Jahr zurücklegt, als Maß für Entfernungen im All.

**LÖSUNG**
Ein Gemisch, bei dem die Moleküle eines Stoffs in einer Flüssigkeit verteilt sind.

**MAGNET**
Ein Objekt, das in einem Bereich um sich herum (dem Magnetfeld) bestimmte Metalle anzieht.

**MASSE**
Die Menge an Materie in einem Objekt, gemessen in Gramm, Kilogramm oder Tonnen.

**MATERIE**
Alle Substanzen im Universum.

**METALL**
Eine Gruppe von Elementen mit ähnlichen, für uns nützlichen Eigenschaften: Sie sind stark, leicht zu formen und leiten Elektrizität.

**MIKROBEN**
Winzige Organismen („Mikroorganismen") wie Bakterien, die man nur unter dem Mikroskop sieht. Einige Mikroben sind Krankheitserreger.

**MILCHSTRASSE**
Eine spiralförmige Galaxie aus Milliarden Sternen. Das Sonnensystem gehört zur Milchstraße.

**MINERAL**
Eine natürlich vorkommende reine Substanz, aus der Gesteine bestehen.

**MOLEKÜL**
Eine Verbindung von zwei oder mehr Atomen.

**NATÜRLICHE SELEKTION**
Der Vorgang, durch den Lebewesen über viele Generationen hinweg an Veränderungen ihrer Umwelt angepasst werden, um zu überleben.

**NEUTRON**
Eines der beiden Teilchentypen im Atomkern. Neutronen haben keine elektrische Ladung.

**ORGANISMUS**
Ein Lebewesen.

**OZON**
Eine Form des Sauerstoffs, die in einer Schicht in der oberen Atmosphäre häufig ist und uns vor schädlichen Sonnenstrahlen schützt.

**PERIODENSYSTEM**
Eine systematische Tabelle aller Elemente.

**PH-SKALA**
Eine Skala, die angibt, wie sauer oder basisch eine Substanz ist.

**PHYSIK**
Die Erforschung dessen, wie das Universum funktioniert. Physik beschäftigt sich mit Themen wie Energie, Bewegung, Raum und Zeit.

**POLYMER**
Ein sehr langes Molekül, das aus wiederholten kleinen Molekülen (den Monomeren) wie eine Kette gebildet wird. Viele haben nützliche Eigenschaften und sind z. B. sehr stark.

**PROTON**
Eines der beiden Teilchentypen im Atomkern. Protonen tragen eine positive Ladung.

**RADIOAKTIVITÄT**
Die meisten Atome sind stabil (sie verändern sich nicht), aber einige sind instabil, d. h. ihre Kerne können von selbst zerfallen und Strahlung abgeben. Wir nennen solche Atome radioaktiv.

**RÖNTGENSTRAHLEN**
Eine Form von Strahlung, mit der man Bilder des Körperinneren aufnehmen kann.

**SATELLITENNAVIGATION**
Systeme von Satelliten in Erdumlaufbahnen, mit denen wir bestimmen können, wo wir uns auf der Erde befinden.

**SCHWERKRAFT**
Eine unsichtbare Kraft, durch die sich Materie gegenseitig anzieht. Sie hält unsere Füße am Boden und lässt Dinge zu Boden fallen.

**SONAR**
Eine Methode, Objekte zu finden, indem man Schallwellen aussendet und das Echo analysiert.

**SONNENSYSTEM**
Die Sonne und alle Objekte, die sie umkreisen, darunter die Erde und die anderen Planeten. Es ist ein winziger Teil der Milchstraße.

**STATISCHE ELEKTRIZITÄT**
Eine Ansammlung elektrischer Ladungen auf der Oberfläche eines Objekts, die nicht fließen.

**STERN**
Eine riesige Kugel aus sehr heißem Gas (vor allem Wasserstoff und Helium), die durch die Schwerkraft zusammengehalten wird.

**STOFF**
In der Chemie ein anderes Wort für Substanz.

**STRAHLUNG**
Der Transport von Energie als Welle oder Teilchen von einem Ort zum anderen.

**STROM**
Ein Fluss elektrischer Ladungen.

**TEILCHEN**
Ein winziges, unabhängiges Stück Materie wie ein Atom oder ein Molekül.

**THERMOMETER**
Ein Gerät zum Messen der Temperatur.

**UNIVERSUM**
Der ganze Weltraum und alles in ihm.

**URKNALL**
Eine wissenschaftliche Theorie, nach der das Universum vor 13,8 Milliarden Jahren entstand.

**VIRUS**
Ein winziger Krankheitserreger, der Zellen dazu bringt, Kopien von sich selbst zu produzieren.

**VERBINDUNG**
Ein Stoff aus zwei oder mehr Elementen.

**VORBEISCHWUNG**
Das Ausnutzen der Schwerkraft eines Planeten, um die Geschwindigkeit eines Raumschiffs durch einen nahen Vorbeiflug zu ändern.

**WISSENSCHAFTLICHE METHODE**
Die Art und Weise, wie die Wissenschaft neue Fakten findet und mit Experimenten testet.

**ZELLE**
Die kleinste Einheit eines Lebewesens. Zellen sind die Bausteine aller Organismen.

# REGISTER


Alchemie 68, 71, 76, 84, 85
Allele 22
Anästhetika 64–67
Anpassung 34
Antibiotika 25, 26, 27
Asteroiden 107, 110
Astronomie 96–97, 117, 120–121
Atmosphäre 62, 90, 91, 104, 107, 122, 123, 124
Atome 43, 56, 59, 62, 63, 72, 76, 100, 101, 102, 118
Atomwaffen 100, 102

Bakterien 24–27, 83
Balzverhalten 35
Batterien 43, 46
Bienen 11, 39
Bindung, chemische 63
Biologie 10–11, 36–39
Biolumineszenz 27
Blitze 44, 45
Blut 18, 38
Breitengrade 96–97
Bunsenbrenner 86

Chemie 62–63, 84–87
Chirurgie 36, 64–67
Computertomografie 50
COVID-19-Pandemie 17, 19

Darwin, Charles 32–35, 105
Dinosaurier 6, 11, 13, 14–15, 107
DNA 17, 50, 103, 124
Dynamit 79

Echolokation 52–53
Einstein, Albert 58, 59, 115
Elektrizität 43, 44–47
elektromagnetische Strahlung 48
Elektromagnetismus 58
Elemente 63, 72–75, 84, 85
Energie 42, 77, 91, 102
Erdbeben 91, 104, 106, 107
Erde 5, 105, 106, 107, 118, 121
Evolution 32–35, 38

Feuer 63, 78, 111
Feuerwerk 76–79, 112
Fluchtgeschwindigkeit 112–113
Fossilien 6, 12–15, 105

Galaxien 51, 111, 119
Galilei, Galileo 57, 98, 121
Gase 62, 63, 65, 67, 75, 76, 78, 85, 91, 102, 107, 110, 113, 119, 124
Gehirn 66, 67
Genetik 20–23, 50, 124
Geologie 13, 90
Geowissenschaften 90–91, 104–107
Gesteine 12–15, 90, 104, 106, 107, 110, 123
Gesundheit 6, 7, 10, 16–19, 24–27, 36, 37, 38, 39, 48–51, 55, 64–67, 85, 103, 124–125
Gold 68–71, 74
Graphen 87
Gummi 80, 82, 86

Haushaltsgeräte 7, 47
Hebel 56
Helium 63, 75
Hubble-Teleskop 123

Immunsystem 18
Impfung 16–18

Jupiter 114, 115, 121

Kern (Atomkern) 43, 59
Kern (Zelle) 11
Kernenergie 102
Kernspaltung 59, 102
Klimawandel 6, 91, 124
Klonen 39
Kompass 56
Korallenbleiche 103
Kosmischer Mikrowellenhintergrund 117, 118
Kräfte 6, 42, 43
Kraftwerke 46, 102
Krankheiten 10, 16–19, 26, 38, 39, 103, 124–125
Krebs 103
Kunststoff 63, 80–83, 90

Ladung, elektrische 44–45
Landwirtschaft 7, 10, 92, 94
Längengrade 98–99
Lebensmittel 28–31, 87
Licht 43, 51, 58
Lichtjahre 110–111
Luftdruck 94
Luftfeuchtigkeit 94

Mars 123
Maschinen 43
Masse 42, 57, 114
Materialien 6, 63, 80–83
Materie 42, 62, 114
Meere 90, 91, 100, 101
menschlicher Körper 10, 11, 23, 48, 49, 125
Metalle 74, 79, 84, 91
Mikroben 28–31
Mikroskope 37, 38
Milchstraße 116, 118
Moleküle 50, 63, 76, 81
Mond 111, 114, 123

natürliche Selektion 33–35
Nervensystem 66
Newton, Isaac 57, 58

Ozeane 90, 91, 100, 101

Pangäa 106
Pasteurisierung 29–30
Penizillin 25, 26
Periodensystem 72–75
Pflanzen 10, 11, 32, 37
pH-Skala 30–31, 87
Physik 42–43, 56–59
Plastik 63, 80–83, 90
Polymere 81–83
prähistorisches Leben 12–15
Pulsare 122

Radioaktivität 100–103
Radiotherapie 103
Raketen 76–79, 112–113, 115
Raumfahrt 6, 111, 112–113, 123
Raumkrümmung 115
Reaktionen 76–77, 85
Regen 92–95, 104
Regenwälder 90
Reisen 7, 43, 96–99, 112–115
Relativitätstheorie 58, 115, 125
Roboter 39
Rohstoffe 90, 91
Röntgenstrahlen 48–51, 124

Satelliten 43, 95, 107, 113
Satellitennavigation 98
Sauerstoff 63, 67, 78, 85, 111, 123
Schallwellen 52–55
Schießpulver 76–79
Schmerzbehandlung 64–67
Schwarze Löcher 59, 111, 122, 125
Schwerkraft 42, 57, 112–115
Seide 31, 80, 82
seismische Wellen 104, 106
Selektion 33–35
Sextanten 97, 120
Sonar 52–55
Sonne 90, 110, 118, 121, 124
Sonnensystem 6, 118, 121, 123
Stärke 82
statische Elektrizität 47
Sterne 51, 119, 120, 122
Sternwarten 120, 121
subatomare Teilchen 43, 118
Superbakterien 27
synthetische Stoffe 80–83

tektonische Platten 54
Teleskope 51, 121, 122, 123
Temperaturmessung 95, 105
Theorie von Allem 59
Tiere 10, 11, 27, 32–35, 91
Treibhauseffekt 91

Ultraschallbild 55
Umlaufbahnen 112, 113, 121
Umweltbewegung 107
Universum 42, 110, 116–119, 125
Urknall 59, 117–119

Verbrennung 78, 85
Vererbung 20–23
Verschmutzung 83, 91
Viren 16–19

Weltraumwissenschaften 110–111
Wetter 7, 90, 92–95, 107
wissenschaftliche Methode 70–71
Wissenschaftliche Revolution 57
Wolken 106

Zahnbehandlung 67
Zeit 42, 56, 58, 98, 99
Zellen 11, 17, 37, 38, 66
Zellulose 82
Züchtung 20, 22


## DANK UND BILDNACHWEIS


**Der Verlag dankt:**

Redaktionsassistenz: Zaina Budaly; zusätzliche Texte: Maliha Abidi; Bildrecherche: Vagisha Pushp; Bildrecherchemanagerin: Taiyaba Khatoon; Retusche: Neeraj Bhatia; Umschlagdesign: Juhi Sheth; DTP-Designer: Rakesh Kumar; Redaktionskoordinatorin für den Umschlag: Priyanka Sharma; Redaktionsleiterin für den Umschlag: Saloni Singh; Register: Helen Peters; Lektorat: Victoria Pyke.

**Der DK Verlag dankt den folgenden Personen und Organisationen für die freundliche Genehmigung zum Abdruck von Fotos:**

(Abkürzungen: o = oben, u = unten, m = Mitte, l = links, r = rechts)

**10 Shutterstock.com:** gillmar (mru). **14 Getty Images:** Barcroft Media / Feature China (mu). **19 Dreamstime.com:** Sdecoret (mro). **23 123RF.com:** angellodeco (mro). **27 Science Photo Library:** Michael J. Daly (mro). **31 Dreamstime.com:** Photka (ur). **35 Alamy Stock Photo:** Minden Pictures / Buiten-beeld / Otto Plantema (ur). **46 Getty Images / iStock:** PARETO (ur). **50 Alamy Stock Photo:** Dino Fracchia (mlu); Science Photo Library / Alfred Pasieka (mru). **Science Photo Library:** Biografx / Kenneth Eward (mu). **51 Depositphotos Inc:** NASA.image (mro). **55 Dreamstime.com:** Monkey Business Images (ur). **62 Shutterstock.com:** Shin Okamoto (mru). **67 Dreamstime.com:** Imtmphoto (ur). **70 Dreamstime.com:** Paul Reid (mr). **75 Dreamstime.com:** South12th (um). **79 Alamy Stock Photo:** SWNS (mr). **83 Alamy Stock Photo:** Cultura Creative RF / Monty Rakusen (mro). **94 Alamy Stock Photo:** John Bentley (or). **97 Dorling Kindersley:** Science Museum, London / Dave King (ur). **98 Alamy Stock Photo:** Maria Galan Clik (um). **103 Dreamstime.com:** Seadam (um). **115 Alamy Stock Photo:** Naeblys (um). **117 Alamy Stock Photo:** Science History Images / Photo Researchers (mru). **118 Alamy Stock Photo:** Science History Images / Photo Researchers (or)




Weitere Informationen unter www.dkimages.com

# Kennst du schon diese Bücher?

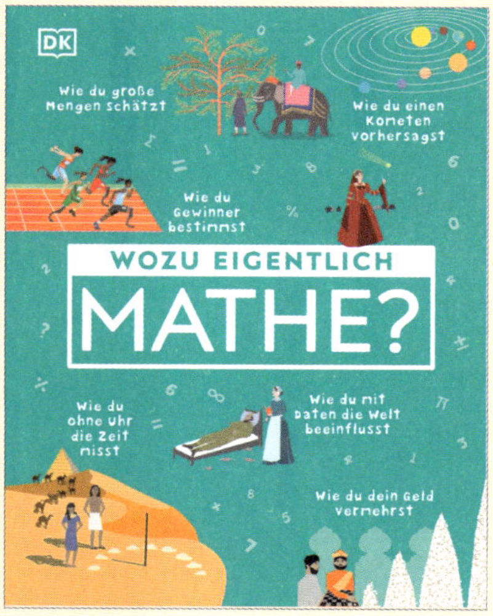


ISBN 978-3-8310-4066-7
14,95 € [D] / 15,40 € [A]

ISBN 978-3-8310-4371-2
12,95 € [D] / 13,40 € [A]

ISBN 978-3-8310-4381-1
19,95 € [D] / 20,60 € [A]

ISBN 978-3-8310-3339-3
16,95 € [D] / 17,50 € [A]

ISBN 978-3-8310-3555-7
26,95 € [D] / 27,80 € [A]

ISBN 978-3-8310-3072-9
24,95 € [D] / 25,70 € [A]

DK

www.dk-verlag.de